住房城乡建设部 十三五

住房城乡建设部土建类学科专业“十三五”规划教材
高等学校建筑学专业系列推荐教材

SPORTS BUILDING 体育建筑设计 DESIGN

孙一民 主编

中国建筑工业出版社

图书在版编目（CIP）数据

体育建筑设计 = SPORTS BUILDING DESIGN / 孙一民主编. —北京：中国建筑工业出版社，2021.11

住房城乡建设部土建类学科专业“十三五”规划教材 高等学校建筑学专业系列推荐教材

ISBN 978-7-112-26839-9

Ⅰ.①体… Ⅱ.①孙… Ⅲ.①体育建筑－建筑设计－高等学校－教材 Ⅳ.①TU245

中国版本图书馆CIP数据核字（2021）第240275号

为了更好地支持相应课程的教学，我们向采用本书作为教材的教师提供课件，有需要者可与出版社联系。

建工书院：http：//edu.cabplink.com

邮箱：jckj@cabp.com.cn 电话：（010）58337285

责任编辑：王　惠　陈　桦

责任校对：党　蕾

住房城乡建设部土建类学科专业“十三五”规划教材

高等学校建筑学专业系列推荐教材

SPORTS BUILDING DESIGN

体育建筑设计

孙一民　主编

*

中国建筑工业出版社出版、发行（北京海淀三里河路9号）

各地新华书店、建筑书店经销

北京雅盈中佳图文设计公司制版

廊坊市海涛印刷有限公司印刷

*

开本：787毫米×1092毫米　1/16　印张：9½　字数：236千字

2022年5月第一版　2022年5月第一次印刷

定价：39.00元（赠教师课件）

ISBN 978-7-112-26839-9

(38554)

Foreword

前言

现代体育建筑源于现代工业革命带来的成果，与现代生活观念、先进技术密不可分，是集成建筑设计、结构选型与建筑技术的复杂类型。体育场馆作为城市大型公共建筑之一，是城市格局中重要的有机组成部分，对于城市的整体协调发展举足轻重。

今天，建筑院系中关于类型性建筑的课程设置日渐薄弱，但体育建筑的教学却始终无法忽略。体育建筑功能复杂、人流集中，大跨度结构技术的关联也让体育建筑成为很好的设计训练题目。由于教研情况的变化，目前各个院系能够开设体育建筑课程的教师严重缺乏。现实中体育建筑工程实践案例鱼龙混杂，导致体育建筑教学存在的问题较多。长期以来合适体育建筑专题的教材一直处于空白状态，加剧了目前体育建筑教学的混乱局面。

本教材回归对体育建筑设计中最基本问题的讨论，希望有助于本科教学的开展，同时对体育建筑研究与设计实践起到一定的推动作用。

《体育建筑设计》共有 8 章，从实际教学出发，以典型且综合的多功能体育馆为主要讨论对象。前 3 章为背景知识铺陈：第 1 章概述了体育建筑的类型与组成；第 2 章通过体育中心的设计与发展讨论了体育场馆与城市空间的关系；第 3 章则介绍了体育馆建筑的发展，包括功能、形式与技术的变迁，并进一步分析了多功能体育馆的发展趋势。第 4~7 章是本教材的核心章节，聚焦于多功能体育馆的设计，分别从平面空间布局、大跨度屋盖设计与结构选型、流线与疏散、物理性能设计四个方面，详述了多功能体育馆建筑设计的要点和难点，并结合典型的设计案例进行分析说明。第 8 章则在当前的环境能源目标下提出了体育场馆可持续设计的发展方向。希望初学者可以通过本教材了解体育馆建筑设计区别于其他建筑类型的一般规律，对体育建筑的研究与实践有所启发。

本教材的成稿基础，离不开梅季魁、葛如亮、魏敦山、黎佗芬、马国馨等诸位先生的实践与研究工作。体育建筑发展至今，建设规模与技术发展日新月异，诸位先生结合经济社会发展的实际情况所展开的一系列扎实而深入的调查研究与工程实践，以及在体育场馆多功能设计与技术选型等方面所建立的原则与方法，在今天仍然具有十分重要的指导意义。

本教材由孙一民教授主编，同济大学的钱锋教授承担了本教材的主审工作。华南理工大学建筑设计研究院孙一民工作室的叶伟康、申永刚建筑师为本书的编写提供了宝贵意见，侯叶博士与潘望博士的最新研究成果为本教材提供了更为详实的内容参考，王奕程、王登月、徐晨、林一伦、马宝裕等同学协助了本书的出版工作。本书的大量案例引用也得到了兄弟院校和相关设计单位的支持。在此一并表示感谢。

体育建筑的专用教材编写在国内尚属首次，疏漏未尽，衷心希望读者予以批评指正。

Contents

目录

第 1 章　体育建筑的类型与组成

1.1　体育建筑分类

体育建筑类型很多，并且随着竞技体育和群众健身的需求而不断变化。适用于不同的体育建筑项目，室内场馆与室外场地，是否考虑看台及视线设计，体育场馆的规模等都影响了体育建筑的定位与建设标准。

随着体育建筑的多功能复合化发展，大多数体育场馆可以兼容不同的运动项目，并通过赛时赛后转换满足竞技、全民健身需求，因而体育建筑的分类呈现了一定的复合性。常见的体育建筑可按照运动类别、功能特点、使用性质以及体育场馆等级进行分类。体育场馆一般以其最主要的场地项目命名。

1.1.1　按照运动类别分类

体育建筑按照类别分类可以分为田径类、球类、体操、水上运动、冰上运动、雪上运动、自行车、汽车以及其他运动类（表 1–1）。田径类运动主要在体育场等室外场地完成，大部分球类以室内场地为主，足球、高尔夫、棒球等多在室外场地进行。随着北京冬奥会的临近，室内外冰雪体育运动项目也渐渐进入大众的生活。此外，还有一些极限运动项目如高空跳伞、攀岩等有着固定的场地类型及建设标准。大众体育运动类别逐渐丰富，我国体育场馆的功能设置也日趋多元化。

体育建筑按运动类别的分类　　表 1-1

运动类别	分类	备注
田径类	体育场、运动场、田径房	体育场设看台 运动场无看台
球类	体育馆、练习馆、灯光球场、篮排球场、手球场、网球场、足球场、高尔夫球场、棒球场、垒球场、曲棍球场、橄榄球场	–
体操类	体操馆、健身房	–
水上运动类	游泳池、游泳馆、游泳场、水上运动中心、帆船运动场	–
冰上运动类	冰球场、冰球馆、速滑场、速滑馆、旱冰场、花样滑冰馆、冰壶馆	–
雪上运动类	高山速降滑雪场、越野滑雪场、自由式滑雪场、跳台滑雪场、单板滑雪场、花样滑雪场、雪橇场、雪车场、室内滑雪场	–
自行车类	赛车场、赛车馆	–
汽车类	摩托车场、汽车赛场	–
其他	赛马场、射击场、射箭场、跳伞塔等	–

其中，体育馆的功能多需要承担球类、体操、水上运动、冰上运动以及自行车等室内运动项目。根据不同的项目对于场地空间的需求，体育馆有时可以同时容纳不同的运动项目，并通过赛时赛后转换提升总体的体育场馆利用率。

1.1.2 按照功能特点分类

专项竞技场馆满足了不同类型的单项体育比赛和训练场地的需求，而多功能综合场馆则实现了对于不同比赛项目、训练项目以及全民健身运动的功能兼容，同时可以满足观演、集会以及展览等拓展使用，提高了场馆的使用率和适用范围，是当今体育场馆的发展方向。本书着重讨论的对象即为多功能体育馆建筑设计。

体育场馆按照功能特点可以分为专项竞技场馆和多功能综合场馆（表 1-2）。

体育建筑按功能特点的分类　　表 1-2

分类	功能特点
专项竞技场馆	服务于某种特定比赛项目的场馆，如专业足球场、棒球场、游泳馆、自行车馆、网球馆等
多功能综合场馆	场地能兼容多项比赛项目，空间具有可调性，可满足多项体育比赛及观演、集会、展览等功能需求

1.1.3　按照使用性质分类

体育场馆的使用性质不是一成不变的，随着全民健身的逐步发展，许多比赛竞技场馆在设计过程中都要考虑赛后对于全民健身的适应性转换，部分高校体育场馆也可以在教学之余服务于体育比赛和全民健身需要。

体育场馆按照使用性质可以分为比赛竞技馆、训练馆、全民健身馆、学校体育场馆等（表 1–3）。

体育建筑按使用性质的分类　　表 1–3

分类	功能特点
比赛竞技场馆	举办专业竞技比赛，服务于大型体育赛事，可兼顾全民健身、娱乐等赛后用途
训练场馆	为专业运动员提供训练场地
全民健身场馆	为全民健身提供场地，服务于群众体育、休闲、娱乐、兼顾体育比赛
学校体育场馆	服务于体育教学、集会等功能，兼顾体育比赛和全民健身

1.1.4　按照使用要求等级分类

不同的级别的体育场馆在建筑规模、技术指标、辅助用房设计等方面均有相应标准（表 1–4）。

体育场馆按照使用要求等级可以分为特级、甲级、乙级、丙级（表 1–4）。

体育建筑按使用要求等级的分类　　表 1–4

分类	功能特点
特级	举办奥运会、世界田径锦标赛、足球世界杯
甲级	举办全国性和其他国际比赛
乙级	举办地区性和全国单项比赛
丙级	举办地方性、群众性运动会

1.2　体育建筑的组成

体育建筑的功能组成一般包含三大区域：场地区、观众区、辅助用房区（图 1–1）。

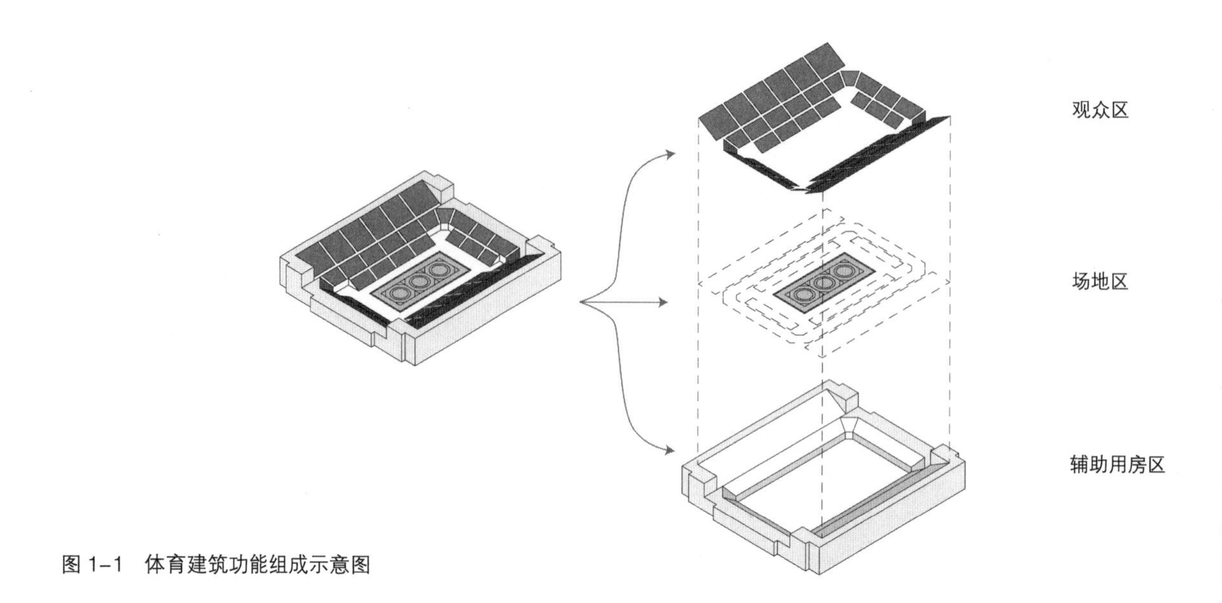

图 1–1　体育建筑功能组成示意图

1.2.1　场地区

场地区（图 1–2），包括各类运动的标准场地以及缓冲区，由首层辅助用房或者看台围合出的区域。场地区通常大于比赛场地，可利用空余场地设置活动座席、临时座席，提高利用率，也可用作赛时运动员、教练员、裁判员、摄影记者等人员的场地活动区域。活动场地的平面形状可以是矩形、圆形、椭圆形等，具体尺寸则需要考虑不同活动空间所需的空间容量。

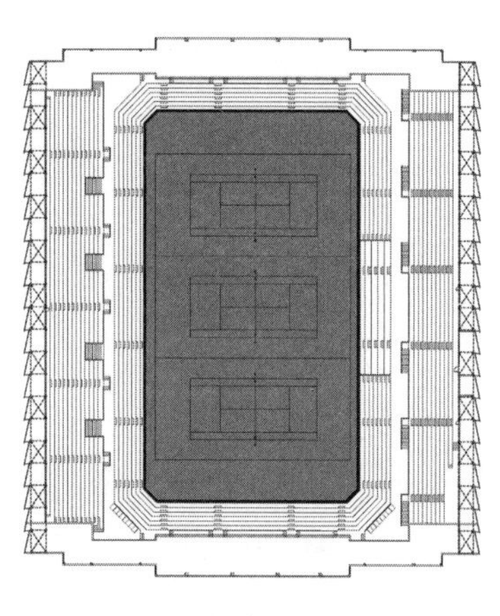
（a）场地区平面图

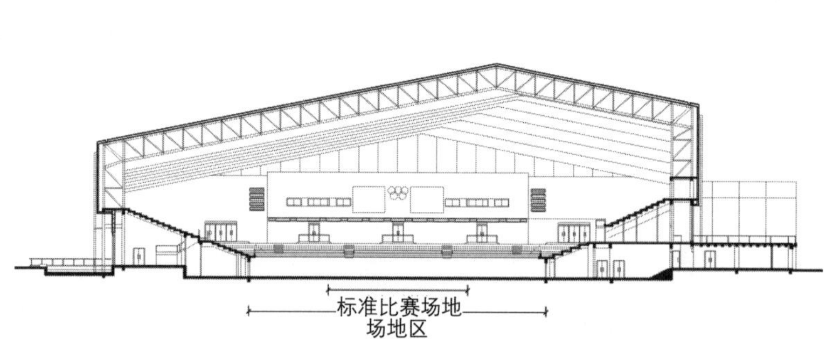

（b）场地区剖面图

图 1–2　北京奥运会摔跤馆场地区示意

1.2.2　观众区

体育建筑观众座席围绕活动场地区布置，包括固定看台、活动看台和临时看台。活动看台一般起到调节座席数量与场地大小的作用，可方便折叠移动。临时看台一般用于大型体育场馆及设施中，赛时临时搭建，赛后拆除。

体育建筑观众座席区域按正式比赛使用人群分类，包括观众席、贵宾席、运动员席、裁判员席、媒体席等（图1–3）。

观众座席区通常包括一般观众座席、无障碍座席及包厢等。一般观众看台应根据视线要求及疏散要求合理设计。无障碍看台区的座席数不少于总座席数量的0.2%，并可在无障碍座席旁为陪同人员提供位置。包厢一般位于上下层看台之间，应设置独立休息室、卫生间等。

贵宾席主要是为贵宾、体育联合会官员等专门设置的座席区域，一般位于场地长轴一侧的看台中央。

运动员席则靠近座席前排，与运动员出入口以及运动员用房有便捷联系。

裁判员席应依据不同运动项目具体设置。

媒体席一般包括文字记者席、摄影记者席以及评论员席。媒体记者看台区应预留设备连接端口，并设工作台。评论员席应有良好的视线，并能够方便、全面地观察比赛。普通评论员席面积为3~4m^2，大约占4个普通座席，另外还应设置1~2个重要用户评论席，面积6~8m^2，各评论员席间做声音隔离，避免互相干扰。

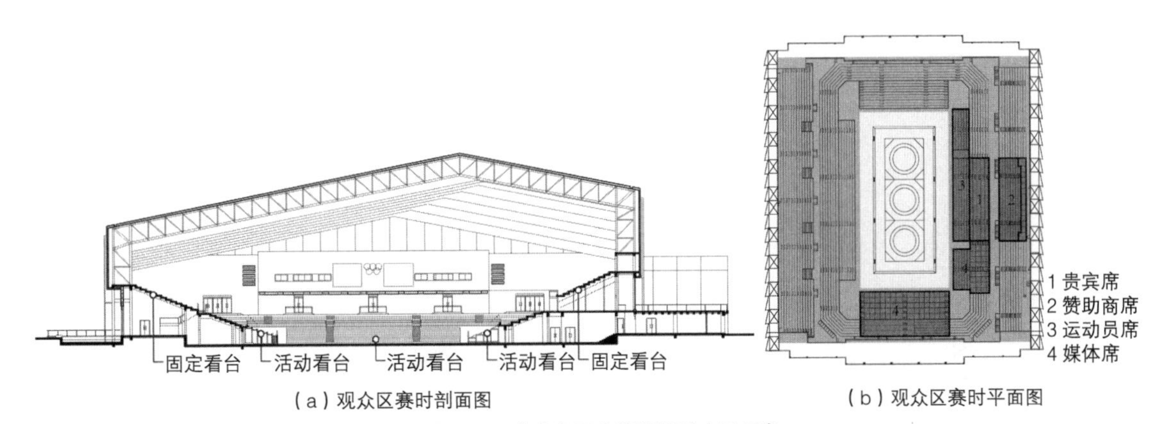

（a）观众区赛时剖面图

（b）观众区赛时平面图

图1–3　北京奥运会摔跤馆观众区示意

1.2.3 辅助用房区

体育建筑的辅助用房是指除比赛厅以外的用房，包括练习馆、观众服务用房、运动员用房、贵宾用房、新闻媒体用房、赛事管理用房、场馆运营用房以及技术设备用房等（图 1-4）。对于大型赛事，有些用房可以用临时设施代替。

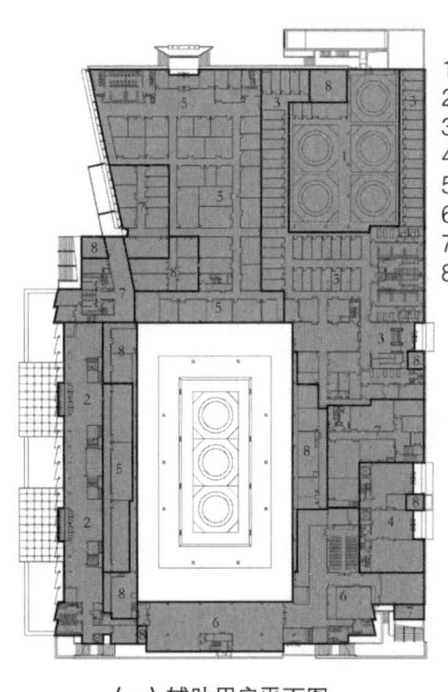

1 练习馆
2 观众服务用房
3 运动员用房
4 贵宾用房
5 赛事管理用房
6 新闻媒体用房
7 场馆运营用房
8 技术设备用房

（a）辅助用房平面图

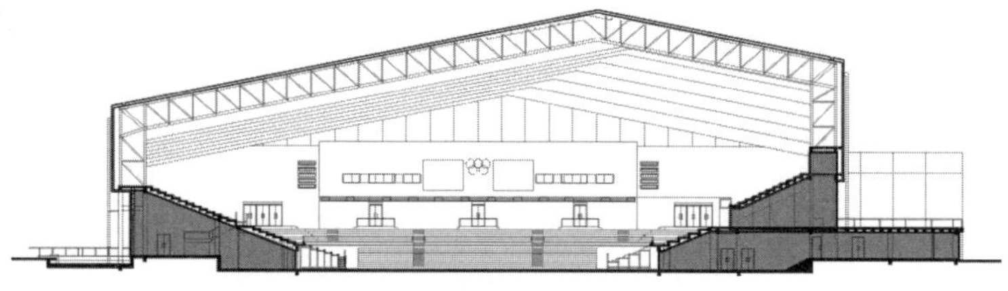

（b）辅助用房区域剖面图

图 1-4 北京奥运会摔跤馆赛时体育场馆辅助用房示意

第2章 体育中心

2.1 城市体育中心的概念

2.1.1 体育中心的概念与分类

体育中心是指以体育馆或体育场为核心，集成了其他体育建筑与场地或配套服务设施，多用于综合性体育赛事、体育教育以及居民体育健身活动的运动设施群。有时体育中心的建设用地较大，甚至与公园结合，也会被称作体育公园。

体育建筑是一种复杂度高、专业性强的建筑类型。与其他公共建筑相比，体育场馆跨度大、使用人数多、功能复杂、设施先进、技术含量高、赛时赛后差异性大，是城市中的重要公共设施。体育中心汇集体育建筑较多，因而其选址建设对城市的影响举足轻重。

随着社会经济水平的提高和城市的不断建设发展，体育中心的数量一直在不断增加，功能逐步完善，运营与管理也日趋成熟。体育中心根据不同分类标准可分为几类（表2-1）。

体育中心分类　　表2-1

分类标准	分类	说明
按规模等级区分	大型体育中心	可举办奥运会、亚运会等国际综合体育赛事，场馆等级多为特级或甲级
	中型体育中心	可举办全国性综合体育赛事或国际单项体育比赛，场馆等级多为甲级或乙级
	小型体育中心	可举办地区性综合体育赛事或全国性单项体育比赛，场馆等级多为乙级或丙级

续表

分类标准	分类	说明
按体育设施项目区分	专项体育设施	包括水上运动中心、冰上运动中心、网球运动中心等
	综合体育设施	体育场、体育馆、游泳馆、网球馆、网球场等综合设施
	复合体育设施	会展体育设施、文化体育设施等
按体育活动场所的空间区分	室内体育设施	体育馆、游泳馆等
	室外体育设施	体育场、足球场、棒球场等
	室内外结合的体育设施	具备可开启式屋盖的设施
按主要目的区分	竞赛为主的体育中心	奥林匹克体育中心等
	参与、训练为主的体育中心	集训基地
	大众体育为主的体育中心	全民健身中心
按体育设施的经营管理类型区分	学校体育设施	包括中小学体育设施、大学体育设施，主要服务于校园体育活动，兼具满足社会体育要求
	社会体育设施	服务于公共体育活动，包括营利性和公益性双重特征

2.1.2　体育中心功能及组合

体育中心的建设通常需要巨大的投资，也起到带动区域发展的重要作用，因此也经常复合体育运动功能外的其他功能，如文化、演艺、商业等。常见的体育中心功能组合有体育功能的组合、体育公园的组合、会展体育中心的组合、文化体育中心的组合、体育综合体的组合等（图 2–1）。

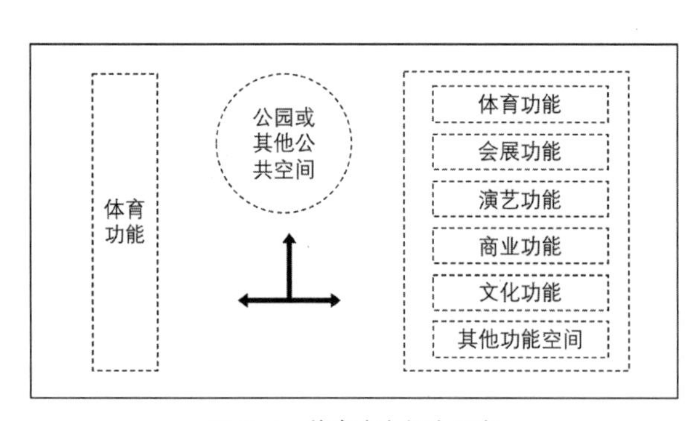

图 2–1　体育中心组合示意

体育功能的组合是指将体育场、体育馆、游泳馆及相应配套组成体育中心。可根据实际需求进行体育场馆的增减，如“一场一馆”“一场两馆”“一场三馆”“一场四馆”“两场两馆”等配置，也可以是不同功能的体育馆进行组合。比如广州天河体育中心，在功能上就包含了体育场、体育馆、游泳馆三大场馆，以及后期新建的一系列体育场馆、活动设施。

体育公园的组合是指体育设施结合公园设计。体育公园环境优美，室外公共空间更强调体育运动休闲特征。体育公园除了容纳日常的体育运动之外，还可以承担一系列的文化、集会活动，也是群众日常休闲娱乐的重要场所。典型的如北京奥林匹克公园、慕尼黑奥林匹克公园等。

会展体育中心的组合是将体育设施和会展设施结合设置。如南通体育会展中心，将总建筑面积为 89 000m^2 的三个体育场馆和 32 000m^2 的会展馆集中布置；再如江门滨江新城体育中心（图 2-2），项目总建筑面积约为 203 000m^2，其中安排了 78 000m^2 会展中心，设有 2 050 个展位。

对于文艺演出和体育场馆的结合，场馆的体育活动区为文艺演出活动提供足够大的表演场地，可用于举办不同类型的节目，而场馆的看台设施也为文艺活动提供观演基础，有时文艺演出的使用频率甚至大大超出体育活动。例如香港红磡体育馆，自 1983 年启用以来，有数以千计的本地和国际文娱、体育节目在那里举行，每年举办的活动中体育节目比例不及 3%，而文艺演出节目约占 80%，这使得红磡体育馆整体使用率高达 96.7%。内地体育场馆使用率虽

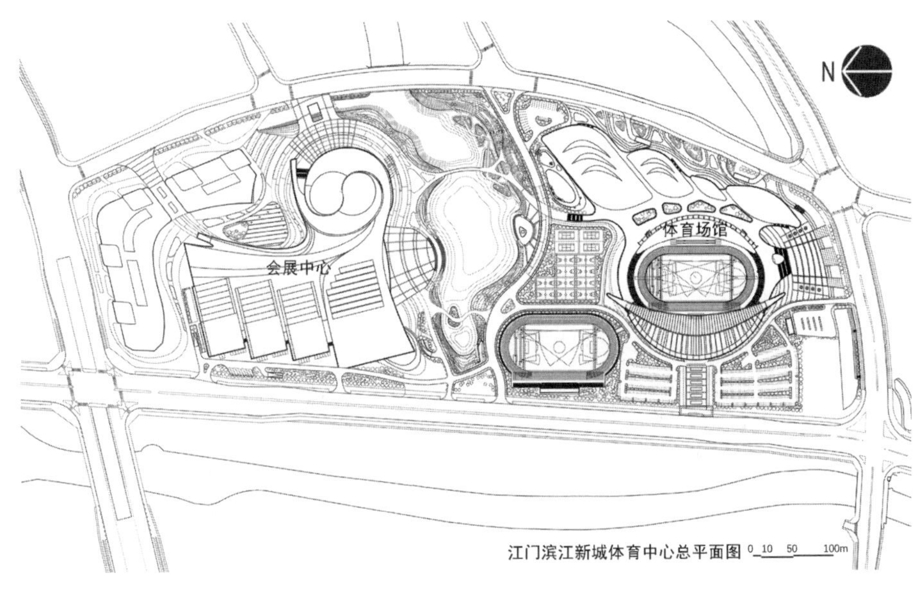

图 2-2　江门滨江新城体育中心体育场馆与会展中心综合体

不及红磡体育馆的水平，但在文娱市场较为发达的城市，文艺活动在这类体育场馆中所占比重同样较为重要。这给体育场馆观演设计提出新的要求，为保证在单侧布置舞台时多数座席的视觉质量，一些体育场馆采用不对称的看台布局方式，如常州奥林匹克体育中心体育场、梅州市梅县区文体中心、华润深圳湾体育中心。此外，满足体育活动，同时又能兼顾文艺演出活动的场地设置、设备系统、舞台设施等要求，成为适宜性设计和建设的新课题。

文化体育中心的组合将体育设施结合剧院、图书馆、博物馆等公共文化设施组合设置。文化设施和体育设施的集约组合有助于构建功能全面、使用便利的城市公共服务空间。体育综合体的组合将体育、演艺、商业、娱乐等多种设施整合在一座大型综合体建筑中，以提高使用便利性。

2.2 现代体育中心的发展

历史上出现过许多伟大的体育建筑，如古希腊的奥林匹亚体育场、古罗马的大角斗场等，这些经典的体育建筑一般以建筑单体的形式出现，鲜有形成组群。今天我们所定义的体育中心出现于近现代，与现代奥林匹克运动的发展密切相关。

2.2.1 国外体育中心

1896 年，雅典举了第一届现代奥林匹克运动会，体育场在原古希腊运动场遗址（图 2–3）的基础上改造而来。1908 年伦敦奥运会出现了首个综合性体育设施——白城体育场（White City Stadium），可容纳 6.8 万人，体育场内包括了运动场跑道、内围的体操场地、外围的自行车道和泳池，并且两边看台覆盖有顶棚，1908 年伦敦奥运会主体育场可以被称作现代体育中心的雏形（图 2–4）。

早期奥运会场馆建设均是以单个体育场为主，其余设施分布在城市各个区域，而历史上第一次大规模集中建设体育场馆和体育设施出现在 1932 年至 1936 年的柏林奥运会周期中，当时的德国政府为 1936 年奥运会兴建了帝国体育场（图 2–5）。1936 年奥运会及帝国体育场虽因政治因素饱受批评，但却提升了现代奥运设施的建设标准，奥运会大规模集中建设体育设施成为趋势，现代体育中心开始出现。

之后数次奥运会均有场馆建设，但受战后经济影响，规模远不如 1936 年柏林奥运会。再一次大规模的集中建设出现在 1958 年至 1964 年的日本东京奥运周期中。日本政府为 1964 年奥运会投资了 30 亿美元，修建了铁路、市政等相关配套设施、兴建了大量体育场

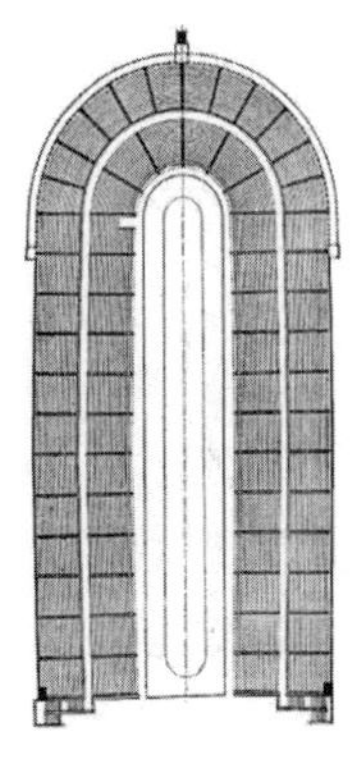

（a）古希腊奥林匹亚体育场遗址马蹄形平面

（b）古希腊奥林匹亚体育场遗址鸟瞰

图 2-3　古希腊的奥林匹亚体育场遗址

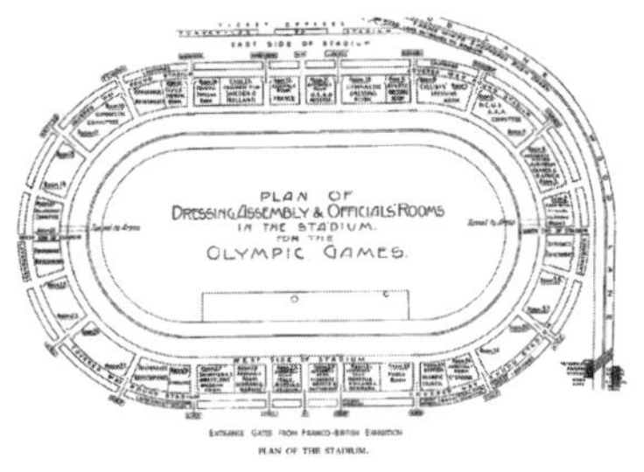

（a）1908 年伦敦奥运会主体育场平面

（b）1908 年伦敦奥运会主体育场鸟瞰

图 2-4　1908 年伦敦奥运会主体育场

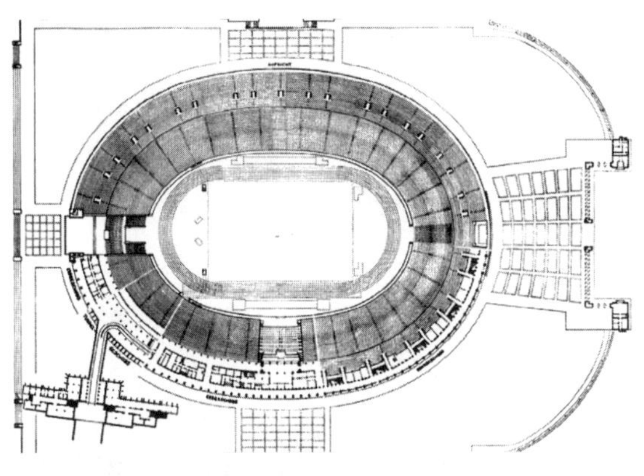

（a）1936 年柏林奥林匹克体育中心平面

作为奥运会场馆建筑群，帝国体育场共占地 132hm^2，包括一座 10 万人的体育场、一座 2 万人的游泳池，还有体操馆、篮球场、曲棍球场等大量集中的体育设施，其中主体育场为当时世界最大体育场，后历经数次改造成为现柏林奥林匹克体育场。

（b）1936 年柏林奥运会主体育场鸟瞰

图 2-5　1936 年柏林奥林匹克体育中心

其中明治奥林匹克公园内为主要的场馆建筑群，包括奥林匹克体育场、棒球场、游泳池和摔跤馆等（图 2-6a、b）。而作为 20 世纪经典建筑之一的代代木综合体育馆（图 2-6c、d、e）则坐落于代代木奥林匹克公园内。驹泽体育公园内有驹泽奥林匹克体育馆等场馆设施（图 2-6f、g）。

（a）明治体育公园总平面

（b）明治体育公园鸟瞰

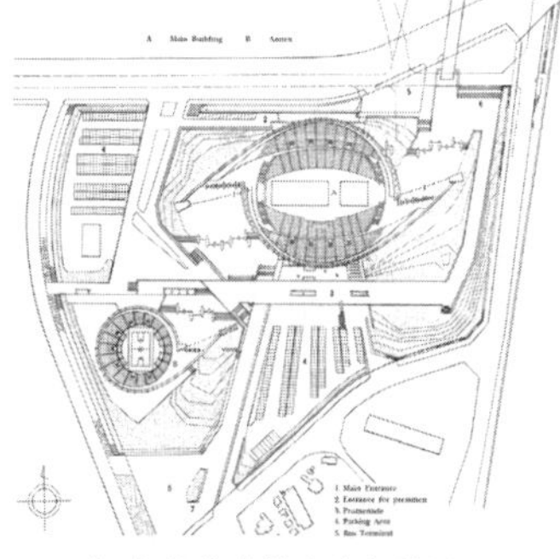

（c）代代木体育中心总平面

（d）代代木体育公园及奥运村

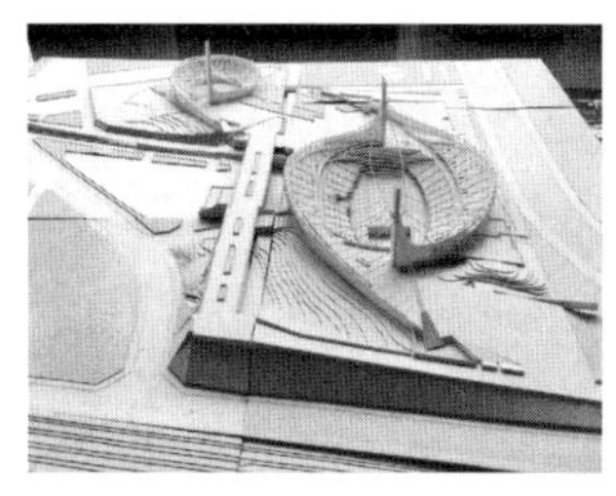

（e）代代木体育中心模型

（f）驹泽奥林匹克公园平面

（g）驹泽奥林匹克公园鸟瞰

图 2-6　1964 年日本东京奥运会体育场馆

馆，这些体育场馆主要分布在 3 个体育公园内：明治奥林匹克公园、代代木奥林匹克公园和驹泽体育公园。东京奥运会的三个体育公园就是三个体育中心。

1972 年慕尼黑奥运会，建筑师贝尼斯和奥托设计了慕尼黑奥林匹克体育公园（图 2-7）。公园选址于当时距市中心 4km 远的一个废弃的机场上，公园内共有 33 个体育场馆以及大型水上运动湖、奥林匹克村和新闻中心。慕尼黑奥林匹克公园的设计突破了以往体育建筑及体育中心的孤立建设模式，开始连续成组并与环境融为一体。

20 世纪 90 年代初，SASAKI 为克利夫兰门户区完成了城市设计方案，主体由一座篮球馆和一座棒球场及相关配套组成，并于 1994 年实施建成。克利夫兰门户区体育场馆是一个将大尺度的体育建筑融入城市空间中的范例（图 2-8）。

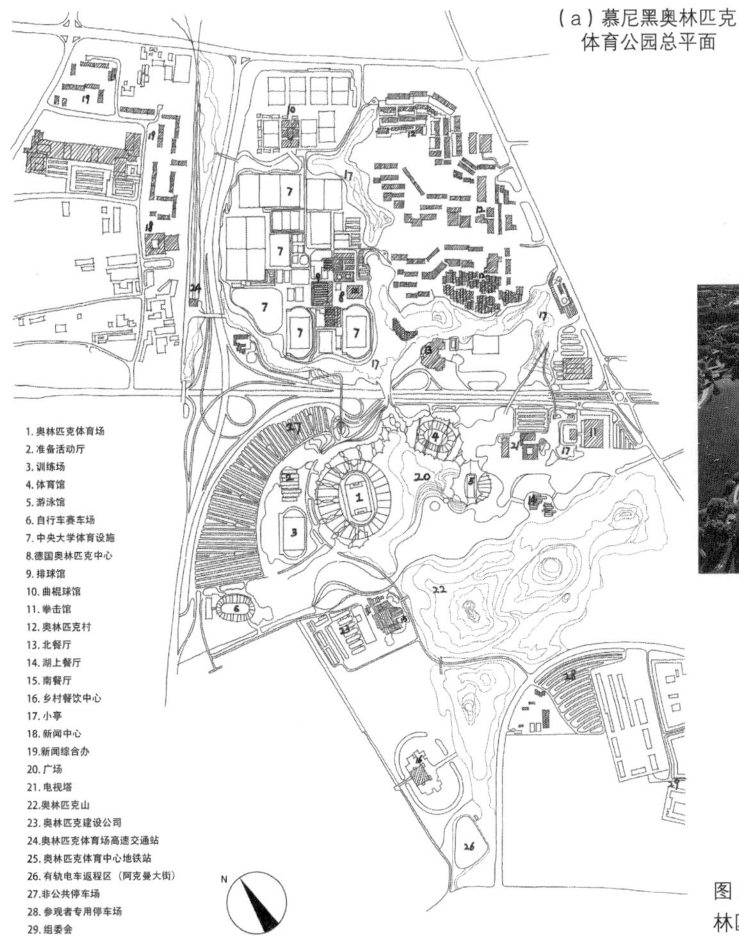

（a）慕尼黑奥林匹克体育公园总平面

其中主体育场慕尼黑奥林匹克体育场，由 50 根支柱吊起 75000m^2 的膜结构屋顶，屋顶覆盖人造有机玻璃，使得观众席上可享受自然阳光，同时给人一种轻盈的空间感。体育场与地形很好地融合，使大体量体育场馆群在环境中消隐。

（b）慕尼黑奥林匹克体育公园鸟瞰

图 2-7　慕尼黑奥林匹克体育公园

克利夫兰门户区位于克利夫兰城市中心区的西南，靠近州际高速公路的出口，交通便捷。早在 20 世纪 80 年代，政府就决定在克利夫兰的门户区新建一座 NBA 球馆和一座棒球场，SASAKI 公司通过对基地附近步行 20 分钟内的城市路网和开敞空间的梳理，局部打通了一些路径联系，并新建了一些建筑将公共空间界定，使两座体育场馆很好地融入了城市的肌理中。由于克利夫兰门户区体育场馆从城市设计方案开始便从城市空间入手，充分考虑了与整体城市空间的关系，在建成运营后取得了预期的效果，树立起了门户区良好的形象，密切了与城市其他重要公共场所的联系，有效的带动了城市区域的经济发展，成为 20 世纪末美国体育建筑建设的经典模板。

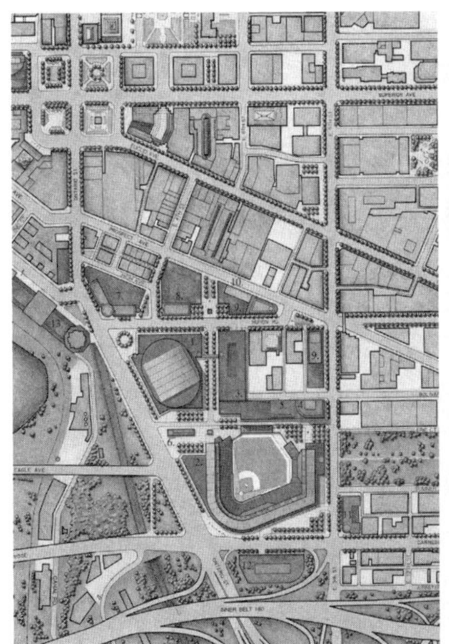

（a）克利夫兰门户区体育场馆总平面

（b）克利夫兰门户区体育场馆鸟瞰

图 2-8　克利夫兰门户区体育场馆

2.2.2 国内体育中心

在国内，由于早年战乱不断体育中心鲜有建设，比较著名的有1931年建成的南京中央体育场和1935年建成的上海江湾体育中心。中华人民共和国成立后，体育建筑的建设取得了长足的发展，1950年代北京工人体育场、体育馆的建设，开创了中国现代体育中心的先河。改革开放之后，国内体育建筑迎来了快速发展的时期，经济水平的提升、技术的成熟以及新材料的引入，使得国内体育建筑不仅数量快速增加，规模和质量上也有了显著提高，国家奥林匹克体育中心、上海徐汇体育中心和广州天河体育中心的建设使得体育中心的概念为大众所熟知。随着全民健身计划的实施开展，体育中心的功能也逐渐完善。进入新千年后，以奥运会、亚运会、大运会等大型体育赛事的举办为契机，各地竞相建设体育中心。

从1933年的江湾体育中心到如今，国内的体育中心设计和建设的水平不断提高，并且具有以下三个特点。第一，体育中心的功能日趋复合化，除举办体育比赛之外，市民健身活动、休闲活动娱乐、商业甚至文化等功能不断完善。第二，建筑风格日趋鲜明独特，具有标志性。第三，国内的体育中心正在向中小型、区县级完善。

在体育赛事和城市建设等因素的推动下，体育设施的建设不断迎来高潮。体育中心作为体育建筑和体育场地的集合，是城市中重要的公共设施，其数量一直在不断增加，功能也在不断完善，运营管理也日趋成熟。体育中心按其时代背景、建设水平和建设方式，可分为四个阶段：

1. 早期探索阶段（1949年之前）

中国早期的体育中心建设较少，当时并无“体育中心”这一说法，而多以体育场名字来命名，代表性的有南京中央体育场和上海江湾体育场。

南京中央体育场位于南京玄武区孝陵卫南京体育学院内，建于1931年，由关颂声和杨廷宝主持设计，是民国时期国内乃至远东最大的体育场（图2-9）。中央体育场在建筑功能上吸收了西方体育场的先进经验，巧妙地与地形结合，运动场地及建筑结合山势地形布置，因地制宜，布局合理；所有的建筑均为混凝土结构，同时在建筑风格上均采用传统建筑风格，并适当运用石质材料，也与南京钟山景区的自然环境和其他建筑相协调，在当时国内建筑界具有重大影响。

20世纪90年代，南京中央体育场被列为南京市文保单位，但之后，中央体育场内多块场地被拆除改造，游泳池改造成了游泳馆，仅剩田径场和武术场较完好地保存了下来。现在，南京中央体育场

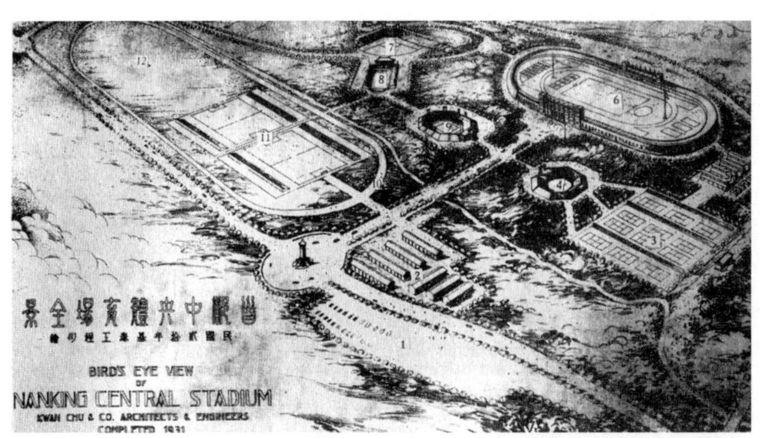

1. 停车场 2. 临时市场 3. 网球场、排球场 4. 国术场 5. 饭厅 6. 田径场 7. 棒球场 8. 游泳馆 9. 篮球场 10. 跑道 11. 足球场 12. 跑马场

（a）南京中央体育场设计图

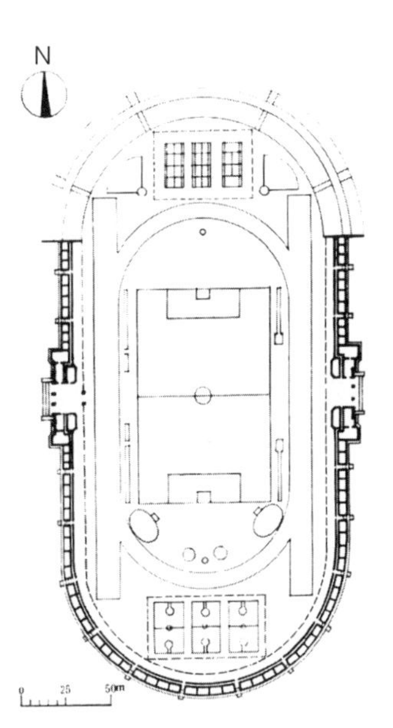

（b）南京中央体育场平面

图 2-9　南京中央体育场

已成为南京体育学院的一部分。

上海江湾体育中心（当时名为“江湾体育场”）始建于 1933 年，总占地 300 余亩，由体育场、体育馆和游泳池三部分构成，其建设更是直接融入城市建设计划中（图 2-10）。其时，国民政府为了上海市内的列强租界相抗衡，凸显民国政府的统治地位，根据孙中山先生的《建国大纲》，开始制定了一个以江湾南部（今五角场地区）为中心，全面、系统建设近代上海（不包括租界）的城市建设计划，即《大上海计划》，在临近中央行政区设置了上海市江湾体育中心。其规划建设由上海工程局董大酉主持。

体育场竣工于 1935 年 10 月，并于当年举办了旧中国第五届全国运动会。中华人民共和国成立后，上海市政府拨款对江湾体育场、馆、池进行整修，令其恢复原貌。之后又历经多次扩建，现江湾体育中心占地总共 35hm^2，并于 1983 年作为第五届全国运动会的主体育场。

中央体育场内有 6 块主要的体育场地和若干其他场地，分别是田径场、棒球场、篮排球场、游泳池、武术场（当时称“国术场”）和网球场、跑马场、足球场等。每块体育场地均设有看台，整个中央体育场内可容观众 6 万人，有“远东第一”之名。

江湾体育场可容纳 40 000 座席和 20 000 站位，体育馆可容纳 3 500 个座席和 1 500 个站位，露天游泳池可容纳 5 000 座席和 1 000 站位，同时还规划了远期的棒球场和网球场的体育中心。

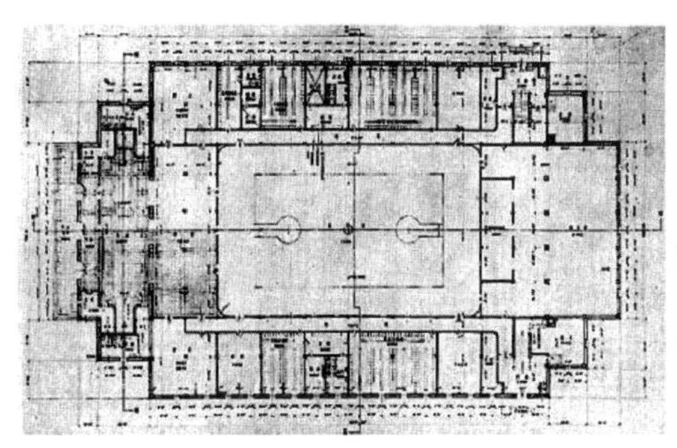

（a）上海江湾体育中心体育馆平面

（b）上海江湾体育中心鸟瞰

图 2-10　上海江湾体育中心

2. 中华人民共和国成立后初建阶段（1949—1978 年）

中华人民共和国成立后，国内体育事业取得了长足的发展，体育建筑的建设也进入了新的阶段，“体育中心”的概念还未被人熟知。一些城市大型的体育场馆作为国家和城市实力的象征，得到了充分的重视和支持。北京职工体育服务中心及上海徐汇体育中心是新中国初期的代表性体育建筑。

北京职工体育服务中心简称“北京工体”（图 2–11），位于北京市朝阳区，东二、三环之间，占地约 $40hm^2$，主要包括北京工人体育场、北京工人体育馆和游泳馆三组建筑，其中工人体育场建成于 1959 年 8 月，是新中国建设的第一个大型体育场。北京工人体育场之后历经多次改建与加工，承办了无数大小体育赛事，见证了中国体育事业的发展。

徐汇体育中心占地 $35.42hm^2$，并于 1970 年代、1980 年代、1990 年代先后建成了 1.8 万座的体育馆、4000 人游泳馆和 8 万人的体育场和奥林匹克俱乐部等。

北京工人体育场的建筑平面为椭圆形，混凝土框架混合结构，南北长 282m，东西宽 208m，共 24 个看台，能容纳观众 6 万人。1959 年，全国第一届运动会在此举行。体育场西侧的工人体育馆建成于 1961 年，圆形平面，建筑面积 $40200m^2$，13000 个观众座席，建筑采用轮辐式双层悬索结构，结构跨度达 94m，是新中国大跨度建筑的代表。“工体”以体育场为中轴的布局模式也影响了很多其他体育中心的布局。

（a）北京职工体育服务中心鸟瞰

（b）北京职工体育服务中心

图 2–11　北京职工体育服务中心

这一阶段国内另一个重要的体育中心案例是上海徐汇体育中心，早在 1950 年代，有关部门就已确定上海徐汇体育中心的选址，位于当时市区的西南角，地处城市边缘，随着城市发展，徐汇体育中心已经嵌入城市中心。

体育中心的初建阶段处于中华人民共和国成立后改革开放前的历史时期，国内还处于计划经济体制内。这一阶段的体育建筑具有的特征：体育场馆建设、维护费用全部来自国家拨款；相关赛后运营相当匮乏，几乎为零；体育场馆用以举办国内各级运动会，赛后大部分时间仅对内部人士开放。

3. 转型探索时期（1978—1992 年）

中华人民共和国成立后很多体育场馆建筑群还继续以“体育场”的名称为人们所熟知，体育中心的概念还不流行。真正使“体育中心”的概念在全国扩散开的是广州天河体育中心和北京奥林匹克体育中心。

广州天河体育中心是广州市为迎接 1987 年的第六届全国运动会，在天河机场的废址上兴建的，当时此处是一片荒郊之地，除了鲜有人迹的机场废址，就是连片菜地。天河体育中心的建设，使这里发生了翻天覆地的变化，也彻底改版了广州市的城市空间格局。

与此同时，大规模的社区建设也在天河体育中心附近进行，六运小区即在此时建成。借助六运会的契机，天河区迅速发展，相关配套设施也不断完善，1988 年火车天河站升级为广州东站，并于 1992 年扩建。这一时期，广州市总体规划决定将主城区向东扩张，许多政策向天河倾斜，天河体育中心附近商圈得到了迅速发展，商务中心、新式住宅小区拔地而起，宾馆、商铺、写字楼和文化娱乐场等不断增加，多条地铁线在此经过，众多大型商业设施落成，天河体育中心一带区域成为中央商务区和大型繁华商圈。广州 2200 余年来基本未变的城市中轴线第一次转移到天河区，即以天河体育中心长轴为中心。天河体育中心自身也不断发展，先后相继兴建了棒球场、保龄球馆、门球场、网球场、露天泳池、健美乐园、树林舞场、露天篮球场、羽毛球场、乒乓球健身活动小区等一系列竞赛及群体活动的场馆和项目设施。2010 年，为了迎接亚运会，天河体育中心完成了最大规模的综合改造。广州天河体育中心是一个以体育赛事为契机、政府政策支持和引导下，成功带动区域及城区发展的一个成功案例（图 2–12a）。

1986 年，北京市为迎接 4 年后的第 11 届亚运会，投资兴建了国家奥林匹克体育中心。由马国馨院士主持设计的奥体中心位于北京北四环中路南侧，总占地 66hm^2，主要建筑有体育场、体育馆和英东游泳馆，其中奥体中心体育场 18000 座，体育馆 6300 座，游泳馆 6000 座，总建筑面 10 万 m^2，并设计有大面积的人工湖面。建成后的国家奥林匹克体育中心集聚体育活动、休闲娱乐等功能，成为首都重要的体育基地与公共场所。2006 年至 2008 年，国家奥林匹克体育中心进行了大规模的扩建，体育场增至 36000 座，新建训练馆、兴奋剂检测中心、运动员公寓等一系列建筑，总建筑面积也达到了 22 万 m^2。

改革开放为全国经济建设和体育发展带来了活力，

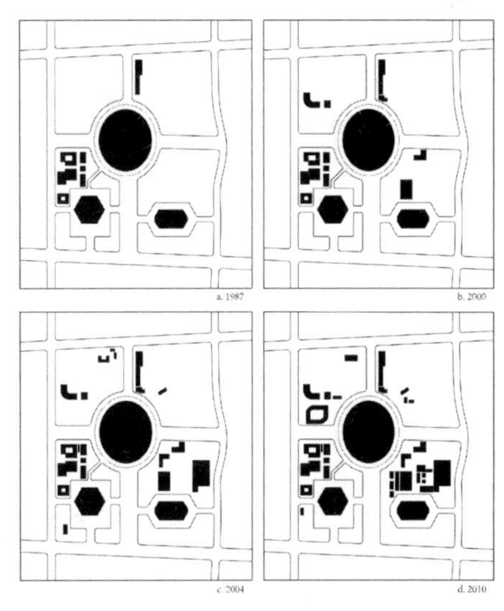

（a）天河体育中心发展历程的图底分析

图 2–12　天河体育中心（一）

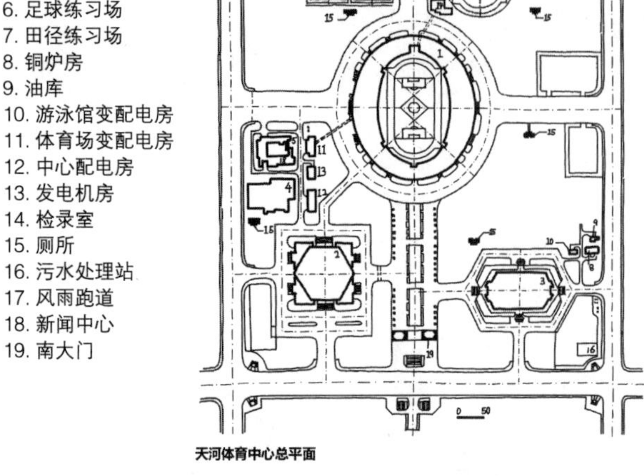

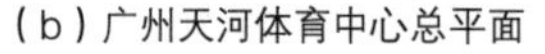
（b）广州天河体育中心总平面

（c）天河体育中心鸟瞰

图 2-12　天河体育中心（二）

天河体育中心始建于 1984 年 7 月，1987 年 8 月竣工，占地 54.54hm^2，主要有 6 万座的天河体育场、8000 座的体育馆和 3000 座的游泳馆，附属场馆有田径场、风雨跑道、球类训练馆、新闻中心和设备用房等（图 2-12b、c）。

体育建筑也走向了一个新的阶段。1985 年中共中央在《关于进一步发展体育事业的通知》中明确指出“体育场馆要逐步实现企业化和半企业化经营”。同上一阶段相比，国内体育中心的建设、维护仍是依靠财政拨款，费用有限，尚存在效率较低等不足，但在政策方针上，国家已经开始鼓励对体育场馆的商业化运营，体育中心的建设处在转型探索阶段。

4. 创新发展阶段（1992 年至今）

20 世纪 90 年代开始，随着改革开放成果的显现和国内市场经济的逐渐成熟，体育中心建设的数量也开始增多。新千年之后，尤其北京奥运会给国内体育中心的建设带来了又一次浪潮，新建的体育中心规模更大，技术更加先进。近期建设的比较知名的体育中心有广东奥林匹克体育中心、北京奥林匹克公园、南京奥体中心、深圳龙岗大运体育中心等。

此阶段建设的国内体育中心无论数量还是质量都较前几个阶段有了质的飞跃。1993 年国家体委要求体育场馆加速由事业型向经营型转变。1995 年国家体委下发了《体育产业纲要》，纲要提出对体育场馆实行企业化管理，同年广州天河体育中心免去 1 元门票，向广大民众开放。2002 年国务院、中共中央下发《中共中央、国务院关于进一步加强和改进新时期体育工作的意见》，提出要“实行管办分离”，进一步促进了体育中心的多元运营和管理。体育场馆也开始逐步摆脱亏损负担，能够实现自给自足。

2.3　城市设计与体育中心

2.3.1　体育中心设计的城市理性

体育中心作为体育建筑组群，包含了体育场馆建筑和配套服务设施，其功能和技术复杂程度更高，对城市环境、城市发展的影响更为显著。体育中心既是城市空间的一部分，又是城市记忆的一部分。体育中心记录着竞技体育的成败和公众活动的兴致，是城市公共社会生活的缩影。

当今城市建设过程中，利用新建体育场馆等大型公共建筑项目为触媒，拉动城市新区开发的案例越来越多。位于城市新区的体育场馆建设首先面临着空旷、缺乏人气、又有很大不确定性的城市格局，其演变和成熟需要经历漫长的过程。而体育建筑的建设模式将极大地影响城市格局的演变。因此，在进行体育中心设计的时候需要从城市需求角度思考体育中心建设和发展过程中面临的问题。

2.3.2　体育中心选址与城市空间的关系

体育中心在城市中的不同选址有着各自的优缺点，对城市建设发展也发挥着不同的作用（表 2-2）。从体育中心和城市空间的关系出发看待体育中心在城市中的区位及与其他城市空间的关系，可分为跳跃型体育中心、连接型体育中心和嵌入型体育中心这三种。

跳跃型体育中心指较靠近城市边界，位于建筑密度极低的城市新区的体育中心。此类体育中心不在主城区之内，却位于城市扩张及未来发展的区域内。跳跃型体育中心通常处于良好开敞的环境中，用地宽松，设计时外部环境的限制条件较少。嵌入型体育中心位于市区范围内，多处于或靠近城市中心区。它们之中一部分建造的年代较早，原本位于市区之外，随着城市建设和扩张，周围被城市肌理所填充。另一部分是在城市发展中预留的发展用地上建设的。不同于跳跃型和嵌入型体育中心，连接型体育中心不在城市边缘或中心区附近，而是位于两种不同的城市空间之中，如城市公园与商务区。连接型体育中心作为介质具有一定的联系作用，这种作用既可能是积极的联系，也可能是消极的联系。国内的很多体育中心都属于这种类型如广州的天河体育中心。值得注意的是，此分类标准下，体育中心的分类情况并不是一成不变了。随着城市发展和建设，跳跃型体育中心可以转变为连接型的体育中心，连接型体育中心也可以转为嵌入型体育中心。

体育中心在城市不同位置选址特点与比较　　表 2–2

类型	位置	优点	缺点	主要作用
嵌入型体育中心	位于城市中心区	基础设施完善，交通便利，易达性强，潜在使用人群多	土地昂贵，用地紧张，大尺度地块对交通影响大	完善城市公共设施，提供市民日常体育活动场所
连接型体育中心	位于城市边缘区	土地较为宽裕，基础设施较为完善，潜在使用者较多	选址不当容易造成资源浪费，重复发展	促进城市形成新中心区，促进城市向外部拓展
跳跃型体育中心	位于新城中心区	土地价格低，用地条件宽裕	基础设施不完善，前期投资大，易达性弱，短期内潜在使用者较少	促进城市蛙跳式发展，推动新城基础设施的建设

在城市发展的过程中，旧城改造、城市扩张和新城建设是三种常见的模式。体育场馆的建设可以提高周边城市价值、吸引人气，从而带动片区活力。在城市旧区，由于土地稀缺，经济发展萎靡，开辟大量土地新建场馆代价太高，而将旧建筑改造利用，有利于以较小成本形成新的城市活力核。而在城市扩张和新城建设中，利用低廉的地价，体育中心或是体育公园等规模聚集的体育建筑群形成新的城市中心，成为城市扩张和新城建设的引擎。

1. 当前体育中心建设面临的问题

在我国体育建筑实践过程中，利用体育中心的建设促进城市发展时，仍存在一些问题。

第一，忽视前期策划定位，存在场馆过度建设的情况。体育建筑的投资往往较大，动辄以千万上亿计。不考虑建筑成本的过度建设带来的结果是建筑规模过大、建设等级过高。决策者盲目追求建筑体量的标志性而简单地通过提高座席数量和建筑面积来实现，体育场馆的装修和设备标准也往往更高，忽略了城市对于体育设施的真实需求。这些做法均使得体育中心的初期建设成本和后期运维成本大大增加。

第二，建设选址不当，距离使用人群过远，难以达到吸引人气的目的。近年来大部分新建的大型场馆都位于城市新区的核心区，在城市新区没有发展起来之前，这些场馆的主要使用人群依然来自于主城区，使用人群距离较远，场馆使用率下降。

第三，场馆功能单一，消极经营，长期闲置。随着 2008 年夏季奥运会在北京的举办，加之各地需要通过举办赛事增加城市知名度和影响力，全国掀起了体育场馆的建设浪潮大多是针对大型场馆的。大型场馆的建设远远超过需求，而市民真正可以使用的公共活动空间却仍然缺乏。此外，很多大型场馆的实际使用寿命远远短于其预计可以使用的寿命。

因此，以体育建筑为代表的大型公共建筑前期策划、可行性研究至关重要。城市设计的方法则为应对体育中心外部环境的变化提供了很好的思路。一方面，城市设计的方法提倡城市的多功能混合和高密度开发，以及应对变化的灵活适应性，使得项目总体布局具有较大的应变能力，为体育建筑与城市功能的协调发展提供基础。另一方面，城市设计的方法强调体育场馆自身及其外部空间与城市公共空间的整体性和延续性，形成良好的空间框架，为体育建筑与城市空间的协调发展提供基础。

2. 体育中心设计的城市理性原则

相比于传统的在用地范围内思考体育场馆自身的布局方法，运用城市设计的理念，从城市整体功能和空间环境出发，可以更为积极主动地将体育建筑与城市街道和公共空间节点有机结合，营造界面清晰的街廓、可达性好和层次丰富的公共空间。其主要内容包括：

第一，内外结合，遵从城市肌理与都市涵构。长久以来，体育建筑一直以“由内向外”的模式进行设计。复杂的内部功能、大跨度的结构技术决定了“由内向外”思想的合理性，也符合现代主义建筑原则。然而，城市长期形成的物质形体环境具有其内在的逻辑关系。尊重逻辑关系，意味着建筑设计除了“由内到外”，还需要在理解和分析城市涵构关系的基础上，补充实现“由外到内”的设计过程。我国体育建筑大部分设计思路来自于用地红线范围，导致了体育建筑与城市空间的扭曲关系。建筑师应从思想上认识这一点，跳出用地红线范围，内外结合，从城市街区范围思考体育场馆布局，让体育建筑遵从都市公共空间体系的涵构关系，从初始阶段奠定体育场馆与城市协调发展的良好基础。

第二，重视街廓，强化城市公共空间。城市街廓是组成城市的重要比尺，现代主义城市的发展首先摧毁的是传统城市完整而亲切的街廓。随着街廓的消失，大量消极的城市空间出现——隔绝公共生活，阻断步行路径，使城市生活网络支离破碎。对于位于城市新区的体育馆建设，需要在总体布局上具有较强的适应性，与城市保持功能上的协调发展。因此城市设计提倡多功能混合与高密度开发的思路，具有应对变化的灵活适应性。另一方面，城市设计强调体育馆自身及外部空间与城市公共空间的整体性和延续性，形成良好的空间框架。

第三，营造场所，提升城市节点活力。发展成熟的城市社区和校园是体育场馆需要面对的另一种典型的城市环境，具有建筑密度高、用地相对局促的特点。此时体育场馆总体布局需要与周围现有建筑和开敞空间相协调，延续和整合城市肌理，重视视廊的通达性，避免尺度上的强烈反差造成对周围建筑的压迫和城市肌理的破坏；且应注重交通上的可达性，营造体育场馆外部空间场所，发挥其对城市节点空间的整合和提升作用。

第四，结合自然，实现整体环境协调。与城市公园相结合是一种体育场馆常见的布局模式，环境优雅的城市公园是体育场馆面对的另一种典型的城市环境。因此如何处理自然生态环境要素与大体量的体育场馆的关系成为设计的重点问题。城市公园中的山体和水体往往是体育场馆布局的制约因素，运用可持续理念和城市设计方法进行合理的布局谋篇是设计成功与否的关键。

2.3.3 城市体育中心前期策划

体育中心的前期策划，应该顺应城市发展策略，符合城市发展方向，合理利用城市资源，融入城市环境。所涉及的策划策略主要分为以下四个方面：

第一，定位与规模的集约化。体育建设项目的规模一般包含投资规模、座席规模和面积规模，有时候也通过用地规模或场地规模表示。

从工作程序的角度，在确立明确的项目定位后，场地规模和座席规模立即成为研究重点，在场地规模、座席规模和其他功能用房明确的前提下估算面积规模，确定的面积规模是投资规模估算的基础。在论据充分的情况下，策划报告可以就项目的定位和规模提出一个明确的结论；如果存在争议和探讨的空间，策划报告可以提出多套定位和规模方案并列举各自优缺点以供决策。

第二，功能与空间的复合化。确定了定位与规模（场地规模和座席规模），项目建设的主要功能用房即可确定，体育建筑的功能用房可概括为一般功能组成部分、扩展功能组成部分和特殊功能组成部分。

除一般功能外，扩展功能部分包括：俱乐部用房、赞助商及商务包厢、其他体育营运空间和商业营运用房等。特殊功能可针对不同项目的特殊要求设置，例如某些学校体育建筑需要一些额外的研究、课室用房，某些中小型体育建筑兼有文化馆的功能（文体馆）等。进行功能空间策划的时候应当尽量将功能综合、平赛结合，兼顾赛后运营需求。

第三，投资与运营的多元化。投资与运营要素包含以下一些方面：投资运营模式选择、投资额估算、财务评价、风险分析及社会评价、建设工程进度安排。其中，对投资运营模式的选择、投资额的估算和财务评价尤为重要。场馆服务应多元化，兼顾公益性与经营需求，达到社会效益与经济效益双赢。

第四，环境与技术的可持续。环境与技术要素包含场址选择、交通组织、环境保护、生态节能以及建筑、结构、电气、空调、给水排水的技术设计等。针对这些要素的有效研究和筹划保证了定位与功能的落实并使最终成果产生良好的社会效益。对待环境与技术策划应从可持续设计出发，适度超前定位，预留灵活应变可能性，场馆设计要强调绿色环保与节能降耗。

2.3.4　体育中心的规划与设计策略

1. 规划结构

体育中心设计应全面规划远、近期建设项目，在总体规划的指导下分阶段实施，并为可能的改建和扩建留有灵活余地。

2. 功能布局

体育中心设计应当功能分区明确、布局紧凑、交通组织合理、管理方便，并满足当地规划部门的相关规定和指标。体育中心的功能布局方式可以分为分散式布局、分地块布局和集约式布局三种（表 2-3）。需要满足体育中心内有关体育项目在朝向、光线、风向、风速、安全、防护、照明等方面的要求。同时注重环境设计，充分利用自然地形和天然资源（如水面、森林、绿地等），并尽可能增加绿地面积，考虑体育中心所在地段的总体景观，考虑与城市的关系。

体育中心总图布局方式比较　　表 2-3

布局方式		布局特点
分散式布局	核心式布局	以主要建筑为布局中心，呈“品”字形或“一”字形布局
	沿道路（水）布局	以沿街界面或临水面为主要布局轴线，主要建筑沿道路或水面布局
	沿公共空间布局	以公共空间为布局中心，主要建筑沿公共空间布局
	有机式布局	主要建筑与环境相融合，有机布局
分地块布局		主要建筑分散在不同城市地块中，以减少大地块对城市的肌理和交通带来的不利影响
集约式布局		主要建筑通过平台、屋顶或功能空间进行整合，通过场馆合一进行布局

3. 交通组织

体育中心的交通组织十分关键，总出入口不宜少于两处，并应以不同方向通向城市道路，观众出口的有效宽度不宜小于室外安全疏散指标。而内部道路交通应该使各个场馆之间联系便利，疏散道路应尽量避免人流、车流互相干扰，内部人员和外部人员宜相互独立。同时内部道路应满足通行消防车的要求。观众出入口应该设置集散场地，可以充分利用道路、空地、平台等。

应在体育中心基地内设置各种车辆（机动车、非机动车）的停车场，其面积指标应符合当地有关主管部门规定。停车场出入口应与道路连接方便；如因条件限制，停车场可以设置在临近基地的地区，由当地市政部门统一规划设置，但部分停车场，如贵宾、运动员、媒体、工作人员等停车场应设置在基地内，可充分利用地下空间。承担正规国际比赛的体育设施，在设施附近应有电视转播车的停放位置。

第 3 章 体育馆建筑的发展

3.1 体育馆建筑的现代发展

我国古代的体育活动多以休闲娱乐或强健身体为主，如田径、游泳、蹴鞠（现指足球）、角抵（现指摔跤）、冰嬉（现指冰上运动）等，具备较强的观赏性。这些体育活动多利用室外场地进行。除了少数具有专业体育功能的运动场地，如武厅、球场、体育学堂等，大多数中国古代体育运动场地都是非正式的。常见的开展体育活动的场所，如寄情于山水游玩之中的游泳、竞渡、踏青、登高、骑射等，围绕中国传统建筑院落形成的一些娱乐类活动，在井中的瓦肆、集市进行的相扑、蹴鞠、举重等带有商业性质的表演以及练兵校场中进行的一些与战争演习相关的趋（跑）、超距（跳）、投石（掷）训练项目。

近代中国以战争开端，经历了近百年的动荡，体育设施的发展也从满足西方人体育活动需求的被动输入开始，逐步探索了体育场地的标准设置、功能复合和新技术的运用，形成了来源于西方建筑形制，区别于传统体育环境和建筑制度的新面貌。这一时期，具有城市公共性的体育场馆开始出现。在设计风格上，经历从最初的对于西式风格的学习，到探索中西杂糅的折中主义，再到对于中国传统形式的再创造。功能上，场馆的建设借鉴国际先进体育场馆，实现了从单一功能到复合功能的演进。在技术上，现代大跨结构技术、现代钢筋混凝土材料得到初步应用并与传统结构、材料有机结合，互相补充。现代化水、暖、电等设备设施也得到了配备。这些发展与尝试，为现代体育建筑的发展创造了基本的意识环境、技术储备和一定的物质基础。

1949 年以前，全国只有 2855 个体育馆，数量少、质量差，远远不能满足人民群众的需要。而发展至 2002 年，据不完全统计，我国已拥有各类体育设施 80 多万个。我国体育馆建筑的现代发展，大致可以体现在四个方面：社会历史背景的建设驱动、体育场馆功能的演变、体育馆创作形式的变化以及技术的创新探索。

在节约思潮的影响下，这一时期的重庆体育馆、武汉体育馆、北京体育馆等出于节约考虑，都尽量选取紧凑型场地，缩小场馆跨度，降低室内装修标准。比如重庆体育馆场地选取容纳一块篮球场的紧凑型场地，5000 观众座席的体育馆建筑面积仅 8700m^2（图 3-1）。

3.1.1 社会历史背景的建设驱动

我国体育建筑的发展大致可以划分为三个时期：中华人民共和国成立初期（1949—1978 年）、改革开放到新千年间（1978—2000 年）、新千年后（2000 年至今）。不同的历史阶段，受到社会经济发展水平、重大历史事件等影响，体育建筑的发展速度、建设规模、功能设置、创作形态以及设备技术也呈现出不同的发展轨迹。

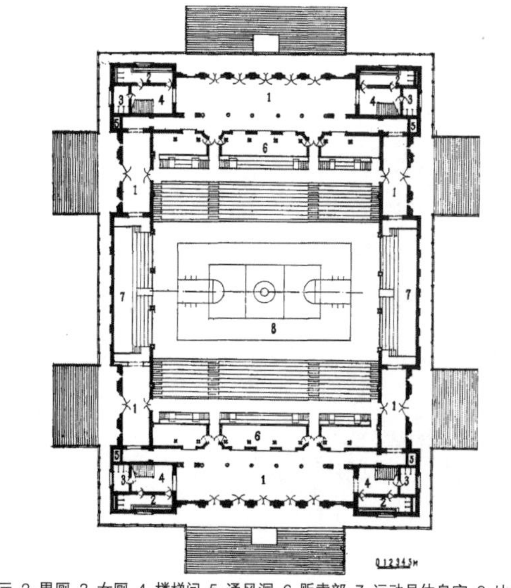

1. 门厅 2. 男厕 3. 女厕 4. 楼梯间 5. 通风洞 6. 贩卖部 7. 运动员休息室 8. 比赛场

（a）重庆体育馆平面

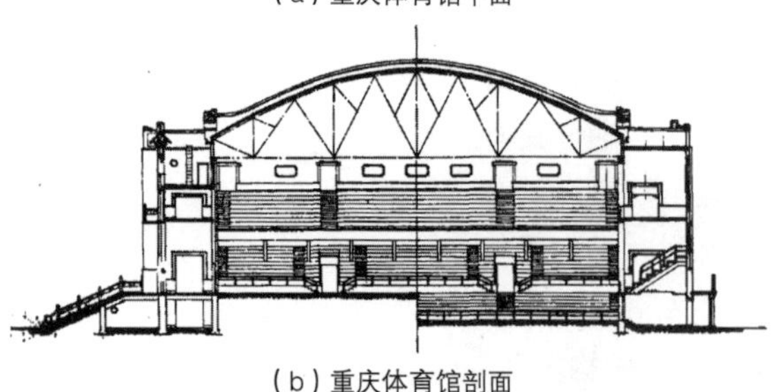

（b）重庆体育馆剖面

图 3-1 节约思潮下的重庆体育馆

1. 中华人民共和国成立初期的历史背景与场馆建设

中华人民共和国成立初期，百废待兴，我国体育建筑的建设与国家政治需要和国民生活需求密切相关。受限于时代背景，场馆的建设较为简易，且功能相对单一，但仍为之后体育建筑的发展打下了基础。这一时期，我国体育建筑的建设面临着诸多困难，一方面经济基础和理论基础薄弱，受政治干预较强；另一方面，缺乏对外交流渠道。这一时期，体育建筑的建设总量虽然不多，但在建筑种类上出现了体育馆、游泳馆等室内体育建筑，相较于新中国成立前我国体育馆基本只存在于高校中，且鲜有座席的情况，我国现代大空间室内体育馆建筑实现了从无到有的突破。

中华人民共和国成立后的一段时间，受到频繁的政治运动影响，体育馆建筑的规模也在不断变化。在节约思潮的影响下，体育场馆在空间和面积上尽量压缩，以降低造价。而在“大跃进”与“文革”时期的思想影响下，则建成了一批大规模的体育场馆甚至“万人馆”。

在“大跃进”与“文革”时期的跃进思想影响下，6.2 万座的北京工人体育场成为我国第一座 5 万座以上的大型体育场。还有 1 万座的南京五台山体育馆、1.2 万座的辽宁体育馆、1.35 万座的北京工人体育馆、1.8 万座的首都体育馆等，与 1950 年代四五千座的体育馆相差甚大。

2. 改革开放到新千年间

改革开放到 2000 年的二十余年间，在对内改革和对外开放的大背景下，中国体育建筑也开始接轨和追赶西方先进体育建筑，并取得一定的发展成果。这一阶段，改革开放成果显著，世界技术革命和奥林匹克体育事业飞速发展，而中国也开始走出国门，吸取多元的设计理念，自身也开始有较多的实践机会。这一时期依托以亚运会为核心竞技体育赛事的举办，竞技场馆的丰富建设初步开始。1990 年代开始，校园体育建筑与大众体育建筑的发展也开始起步。

从 1980 年代开始，我国陆续申请并举办了 1990 年的北京亚运会和 1996 年的哈尔滨亚冬会等洲际级别赛事，丰富了我国体育建筑类型，极大的带动了体育馆的发展。国家级别的赛事开展也步入正轨，举办次数逐步稳定、举办类型逐渐丰富。少数民族传统体育运动会、全国大学生运动会、全国残疾人运动会、全国城市运动会等赛事开始举办，全国运动会和全国冬运会也稳定发展，相应推动了一批体育场馆建设。

1990 年北京第 11 届亚运会是中华人民共和国成立以来首次举办的国际综合赛事，一共投入 33 个场馆，其中新建场馆 20 个，改建扩建场馆 13 个，设练习场馆 46 处（表 3-1）。场馆布局采用集中和分散相结合的方式。在北京市城市南北中轴线的北侧规划设计国家奥林匹克体育中心，包括 20000 座的田径场、6000 座的游泳馆、6000 座的体育馆、2000 座的曲棍球馆以及其他的一些练习场馆设施，形成相对独立并完整的格局，并预留未来奥运会的场馆建设用地。另外 8 个小型馆均衡分布在城市之中，包括北京大学生体育馆（首都体育学院）、北京体育学院体育馆、朝阳体育馆、石景山体育馆、地坛体育馆、海淀体育馆、光彩体育馆和月坛体育馆。

亚运会北京市体育场馆分散与集中相结合布置情况　　表 3-1

集中布置	北京奥林匹克体育中心 			
分散布置	北京大学生体育馆 	北京体育学院体育馆 	朝阳体育馆 	石景山体育馆 
	地坛体育馆 	海淀体育馆 	光彩体育馆 	月坛体育馆 

1996年，哈尔滨举办亚冬会并进行了一系列的场馆建设（图3-2）。哈尔滨是继日本札幌之外的第二个举办亚冬会的城市，本次亚冬会的场馆建设原则为：改建、利用、扩建原有场馆，部分另建新馆，并结合长远战略，考虑赛后效益，注重多功能使用。在设施整体布局方面主要分为三处，八区体育中心和冰上训练基地在哈尔滨，另外一处为距离市区195公里的尚志市亚布力滑雪场。赛事成就了中华人民共和国成立以来最大规模的冰雪体育场馆建设。其中，在1993年原市冰球馆的基础上扩建的飞驰冰球馆，内部设施满足国际赛事要求，成为亚洲最大的冰球馆。在1979年建成的速滑场基础上扩建加盖的速度滑冰馆，成为国内第二座、国际上第五座标准大型室内速滑馆。

（a）飞驰冰球馆主立面

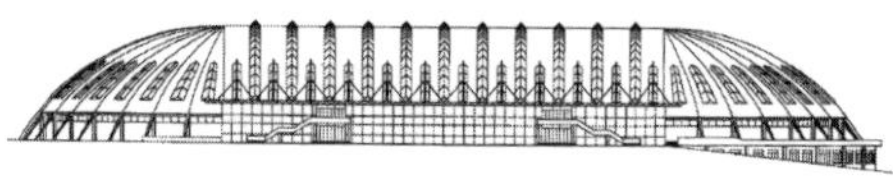

（b）黑龙江省速滑馆

图3-2　1996年哈尔滨亚冬会场馆建设

竞技体育场馆的建设，特别是大型运动会体育场馆的建设，是本时期体育建筑建设的主角。如上海体育场（8万座）、卢湾体育馆（4000座）、浦东游泳馆（1600座）等场馆设计水平和建设质量都很高，而且设施、设备等完全符合国际竞赛要求。全国其他城市新建的场馆如深圳体育场、天津体育馆、黑龙江速滑馆（第三届亚冬会主赛馆）等也体现了很高的设计水平。另外，竞技类体育场馆的类型也逐渐丰富。中小型体育馆和大型体育馆均得到发展；冰球馆、速滑场馆、自行车馆等较为小众的“第一座”场馆的出现满足了多样体育项目的需求。多元化体育建筑类型的涌现，初步解决了各大赛事下体育场馆的“有无问题”，并为新千年后建筑类型丰富发展打下基础。

中华人民共和国成立初期由于国家经济实力不足，对校园体育设施的建设有所忽略。1990年代开始，随着资金来源的多元化和对校园体育的逐渐重视，校园体育建筑的建设逐渐开展。这一时期建设的高校体育馆有苏州大学东校区体育馆、浙江农业大学体育馆、华南理工大学体育馆、哈尔滨工业大学体育馆、湖南大学体育馆等。随着经济的发展和人民闲暇时间的增多，受到体育热潮的影响，体育建筑发展出娱乐、体育相结合的大众体育建筑，戏水乐园、高尔夫球场、赛马场等娱乐体育建筑开始得到建设。

3. 新千年后的飞速发展

进入 21 世纪，在全球化浪潮下，中国社会经历了经济深化改革后的飞速发展。体育建筑在奥运战略下迎来了多级别的竞技赛事和丰富的竞技场馆建设，校园体育建筑和大众体育建筑也相应得到了发展，实现了从数量到质量的全面飞跃发展。

在世界竞技体育飞速发展的大背景下，我国竞技体育在 21 世纪第一个十年里面临十余项国际综合赛事和一系列国际、洲际高水平赛事的挑战机遇。期间，2001 年举行了世界大学生运动会，2007 年长春举办了亚冬会等国际级大型赛事，2001 年举办了广东九运会，2005 年举办了江苏十运会等国家级大型赛会。2008 年北京奥运会的成功举办成为我国竞技体育事业的发展高潮。

在北京奥运会赛事需要的 37 个比赛场馆中，在北京的场馆为 31 个（新建 12 个，改扩建 11 个，临建场馆 8 个）。12 个新建场馆成为本次赛事物质基础的重点。重中之重便是包括国家体育场、国家游泳馆、国家体育馆和北京奥林匹克公园网球场的北京奥林匹克体育中心（图 3-3）。

设置在高校中的四个新建场馆——北京大学体育馆、北京科技大学体育馆、北京工业大学体育馆、中国农业大学体育馆，既满足奥运赛会使用需求，又能服务于赛后校园和社会体育活动，在标志性之外，更关注于校园活动的适应性、经济性等实际需求（图 3-4）。

（a）国家体育场“鸟巢”

（b）国家体育馆

（c）国家网球中心

（d）国家游泳馆

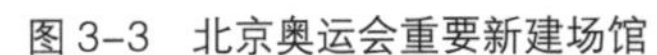

图 3-3　北京奥运会重要新建场馆

（a）北京科技大学体育馆

（b）中国农业大学体育馆

（c）北京工业大学体育馆

（d）北京大学体育馆

图 3-4　北京奥运会新建高校体育馆

由于北京举办过亚运和大学生运动会，场馆已有一定基础。11个改扩建场馆也成为比赛场馆的重要组成部分（表 3–2）。有些小众运动项目在中国开展不广泛，日常使用率较低，为了减轻建设和运营的压力，北京还建设了 7 个临时场馆（表 3–3）。

协办城市也提供奥运赛事场馆，其中主要为足球赛事的预赛场地。此外，由于场地特殊，海上运动和马术运动项目被设置于青岛和香港。青岛新建了青岛奥林匹克帆船中心，香港则将双鱼河和沙田马术运动场地作为奥运马术比赛场。

奥运会结束之后，竞技体育事业发生了普及性转移。级别上，从世界级运动会向区域级、国家级、省级运动会的转移。在奥运会的余潮下，2010 年的广州亚运会、2011 年的深圳大运会、2014

北京奥运会的 11 个改扩建场馆　　表 3–2

<table>
<tr><td colspan="2"></td><td></td><td></td><td></td></tr>
<tr><td colspan="2">奥林匹克体育中心体育场</td><td>北京工人体育场</td><td>北京工人体育馆</td><td>首都体育馆</td></tr>
<tr><td></td><td></td><td></td><td></td><td></td></tr>
<tr><td>丰台体育中心棒垒球场</td><td>老山自行车馆</td><td>北京射击场</td><td>北京理工大学体育馆</td><td>北京航空航天大学体育馆</td></tr>
</table>

北京奥运会 7 个临时场馆　　表 3–3

<table>
<tr><td></td><td></td><td></td><td></td></tr>
<tr><td>国家会议中心击剑馆</td><td>北京奥林匹克公园曲棍球场</td><td>老山小轮车赛场</td><td>朝阳公园沙滩排球场</td></tr>
</table>

<table>
<tr><td></td><td></td><td></td></tr>
<tr><td>北京奥林匹克公园射箭场</td><td>铁人三项赛场</td><td>北京五棵松体育中心棒球场</td></tr>
</table>

年的南京青奥运等国际综合赛事，以及 2009 年的山东十一运会、2013 年的辽宁十二运会纷纷以成功的北京奥运为学习和参考的目标，继续高水准竞技体育场馆建设和改造，并加大了基于赛事举办和场馆建设的城市基础设施建设力度。另外，利用奥运会已有场馆进行残疾人奥林匹克运动会（简称残奥会）。残奥会场馆中残疾人运动和观赛的需求，推动了我国体育场馆无障碍设计的发展。

校园体育场馆不仅能满足校园体育活动的需求，也能作为大型体育赛会的竞技场馆使用，因此大型赛事的举办也成为校园体育场馆的建设契机之一。如在四川成都举办的全国第六届大学生运动会，所有赛会场馆均设置在高校中，11 所高校共新建改建了 21 座体育场馆；2001 年北京大运会的 52 个比赛场馆中，安排在 9 所大学校园内的就有 25 个;2008 年北京奥运会的 11 个新建场馆中也有 4 个属于高校场馆。

随着竞技体育的逐步丰富和奥运热潮的影响，全民健身开始普及并进入大众视野。此阶段大众体育的发展内容有所升级换代，除了带有少量看台的区县级体育场、全民健身路径、商业健身房、社区室外健身活动区等大众健身场所，“全民健身中心”成为服务大众体育的新建筑类型。

3.1.2　现代体育馆功能的演变

中华人民共和国成立初期，有关体育建筑功能研究基础较为薄弱，体育建筑设计规范直接引用苏联标准。但随着中大型体育场馆建设需求逐渐增多，国家对于行业规范化、制度化要求也不断提升。从 1950 年代中后期开始，学者们着手研究体育建筑基本功能，制定相关标准。在国内已建成的十几个体育场馆的初步积累下，确立了体育馆建筑包括比赛场地、视觉质量、疏散、观赛厅布局及运动员与观众辅助面积处理等几方面重要内容的研究体系。

现代体育馆功能经历了从单一功能到复合功能的变化，逐步满足了越来越多元的竞技体育类型需求，功能上逐渐适应了体育比赛、训练、群众运动以及演出、会展等复合功能。同时，体育建筑越来越多的承担了满足城市公共活动、协调城市发展的作用，出现了基于环境意识和城市意识的功能新发展。

1. 场地尺寸变化

早期的体育馆往往以单个篮球场地为基准进行内场设计。这样的场地在国际篮联标准篮球场地从 14m × 26m 到 15m × 28m 的变化中出现了局限，也难以满足日常群众运动的需求。

经过 1950 年代末的基本功能研究思潮，体育场馆基本技术问题的研究已较为完善。改革开放后，场馆的效益问题逐渐成为场馆经营者的关注点，以增加场馆使用率和降低场馆日常开销为导向的场馆多功能使用逐渐成为功能研究的重要内容。梅季魁教授在 1980 年代初便在国内率先展开了体育馆多功能场地的研究，提出利用活动座席、扩大场地规模的多功能设计策略，并提出了（34~36）m×（44~46）m 的多功能场地类型。梅先生及其团队设计的北京的石景山体育馆和朝阳体育馆都使用了 34m×44m 的综合场地及可活动座椅，为多功能使用创造了条件。在哈工大体育馆的实践中，则根据校园体育设施需满足校园体育教学需求和多种使用需求的特点，进一步扩大场地：主馆场地尺寸选用 34m×54m 的较大尺寸，带来了较好的建筑效益。孙一民在梅季魁教授的指导下，在 1988 年的硕士论文中根据调研和分析提出了适应高校多功能需求的 34m×50m 的高校体育馆场馆选型方案。这两种体育馆场地选型在今天仍然被大量体育馆采用。

进入 2000 年后，体育馆的发展得到极大丰富。由于国际体操比赛场地要求发生变化，40m×70m 的轮廓尺寸使大多数兴建于 20 世纪的体育馆无法满足国际体操比赛使用，孙一民教授早在 2002 年提出了 40m×70m 或 48m×70m 的场地选型建议，并在华中科技大学体育馆工程应用。2003 年马国馨院士主持完成的我国第一部《体育建筑设计规范》JGJ 31—2003 对经历了 20 余年发展的场地选型进行了总结，将 40m×70m 作为大型场地尺寸基数（图 3-5）。此外，随着电视转播要求的提高，部分体育工艺专家也开始呼吁设置 42m×72m 等扩大尺寸。也出现了 45m×70m（新疆体育中心体育馆）、47m×75m（哈尔滨体育会展中心体育馆）、47m×72m（上海松江大学城体育馆）等尺寸。

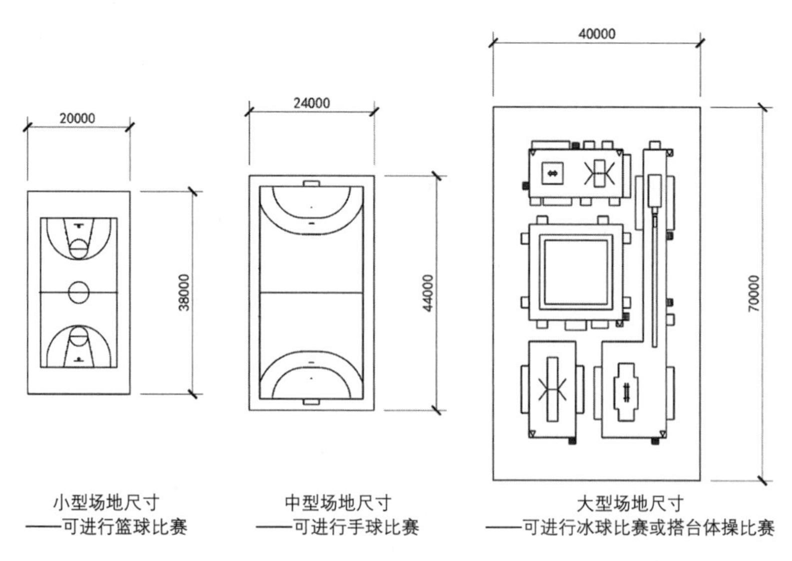

图 3-5 《体育建筑设计规范》JGJ 31—2003 中不同规格体育馆场地尺寸

2. 功能设置与看台形式演变

改革开放后，在市场经济发展的影响下，为增加场馆使用率，降低日常开销，场馆的多功能研究和实践开始增加。为了满足多功能使用，不对称看台在这一时期也开始应用。如辽阳化纤体育馆、西藏体育馆、吉林冰球馆等都采用了不对称看台设计。与此同时，场馆开始利用半地下室或地下室等附属空间设置商业功能，如上海国际体操中心则将主馆抬高到 5m 平台上，半地下室及一层平台均可进行商业开发（图 3–6）。

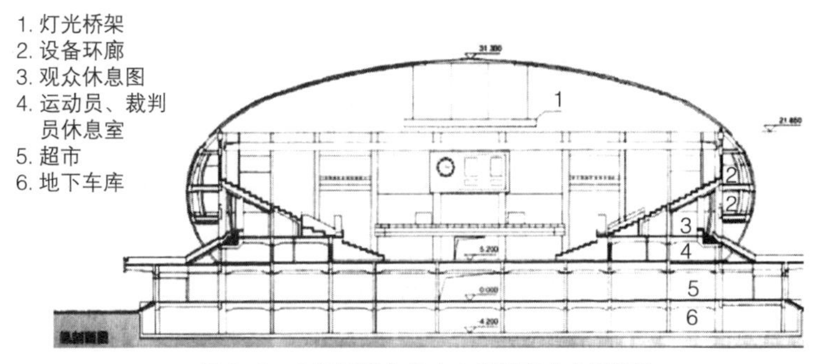

图 3–6　上海国际体操中心底层商业空间设计

2000 年后，体育场馆的功能进一步复合。首先是体育功能层面，不同的场馆开始被整合进同一栋建筑。如沈阳奥体中心的游泳馆与网球馆设置于同一单体。上海大学体育中心、南京工业大学体育馆、大连理工大学体育馆等校园体育馆也往往将游泳馆与体育馆复合于同一建筑中。除了竞技体育功能外，大众体育功能也与竞技体育场馆复合在一起，如佛山岭南明珠湾体育馆，在主馆的基础上还设置了训练馆和市民常用馆。此外，随着全民健身事业的发展，许多复合了多种体育运动功能的全民健身中心也开始出现。

除了体育功能的复合，体育馆与商业功能、演艺功能、文化功能、会展功能组合形成的综合体也开始大量出现。

在商业方面，体育场馆复合商业功能逐渐受到重视，商业类型也丰富多元，甚至不再局限于体育场馆的附属空间，而是出现了独立的商业功能。

演艺功能空间与体育场馆空间特质十分相似，演唱会等演艺活动的活跃、职业体育赛事的低迷也导致了体育场馆在日常使用中作为演艺活动场所频率较高。许多体育场馆将举办演唱会作为重要的运营内容，也是体育场馆实现盈利的重要方式。

体育设施与美术馆、博物馆、图书馆、剧院等城市文化功能的复合有助于在资源紧张的情况下将城市公共文化设施集中发挥最大效应。如具有体育馆内核的上海演艺中心同时又包含了音乐剧场和电影院。体育功能与文化功能复合的文体中心在多个城市尤其是在中小型城市或大型城市的区级公共中心实践较多。

体育功能与会展功能的复合可行性主要基于类似空间的通用便利性。空间上，体育馆和会展馆同属大空间公共建筑，体育馆空间可兼顾会展活动，会展馆空间也可兼顾体育活动。时间上，体育馆的赛事活动一般集中在晚上，而会展馆的展销活动一般集中在白天。借助共生效应，两类空间的复合化设计可以最大限度提高空间利用率和影响力。

3.1.3　体育馆建筑形式的变化

随着社会背景的演变，体育馆的形式变化也打下了不同时期的时代烙印。建筑形式的改变反映了设计理念的变化，现代体育馆的建筑形式创作出发点可以总结为四类：受国际思潮影响的体育建筑风格、基于本土的地域性创作、凸显结构性特性的结构美学与生态性特征的形式探索。

1. 受国际思潮影响的体育建筑风格

近代时期，我国体育建筑发展初始，随着体育建筑一并被引入的还有西方古典主义和折中主义建筑风格；民族形式的建筑创作形式得到推崇，建筑师们仍尽可能地进行创新，如林克明设计的广州体育馆采用较为朴素的现代主义风格（图 3-7）。葛如亮设计的长春市体育馆用抛物线拱和大片的玻璃窗所营造的虚实对比来营造建筑形象，首次在建筑立面上对内部大空间做出了反映（图 3-8）。

图 3-7　旧广州体育馆

图 3-8　长春体育馆

改革开放后，体育建筑开始摆脱民族形式的限制，关于体育建筑的形式思考迅速转向采取大虚大实的块面划分，建筑形象上更为纯粹和真实。在现代主义运动所倡导的简洁、体量化的设计观念影响下，体育建筑还呈现出体量化、雕塑化的形式特征，注重采用简洁的“大梁、大柱、大形体、大块面”来表现荷载的传递，呼应大跨体育建筑的功能要求和空间特征，如深圳体育馆（图 3-9）。随着幕墙技术的逐步成熟，建筑体量进一步简化，大跨体育建筑也逐步摆脱需要竖向墙面充当建筑立面的桎梏，屋面与墙面的一体化设计成为建筑创作的新趋势，典型代表如唐山市摔跤柔道馆（图 3-10）。

图 3-9　深圳体育馆

图 3-10　唐山市摔跤柔道馆

2000 年之后，随着建筑学层面的“复杂性”理论在数字设计手段、施工技术以及材料技术的支持下飞速发展，体育建筑的形态创作也从传统欧式几何体向自由形态演进。我国当代体育建筑的形态创作也在国际潮流和自身技术发展的双重引导下开展了体育建筑的有机形态实践。创作手法包含了单元体有机组合形态、拓扑有机形态和流动有机形态等。如广州亚运游泳跳水馆（图 3-11）、深圳大运中心体育馆（图 3-12a）和广州亚运城综合体育馆（图 3-12b）。

图 3-11　单元体有机组合形态实例——广州亚运游泳跳水馆

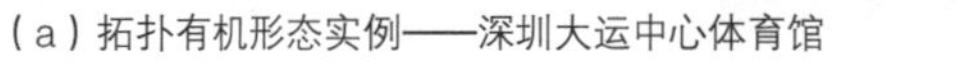

（a）拓扑有机形态实例——深圳大运中心体育馆

（b）流动有机形态实例——广州亚运城综合体育馆

图 3-12　拓扑有机形态实例和流动有机形态实例

颇具争议的“表皮”概念也成为人们关注焦点之一。“表皮”的概念讨论在中国展开后，很快便被理解为一种流于表面的设计而被批评，但在实践层面，不可否认其造就了新时期的标志性特征。在中国当代体育建筑实践中，2008 年北京奥运成为以“表皮”为主要形式特征的体育建筑的重点展示场，如国家体育场——鸟巢（图 3-13a）和国家游泳馆——水立方（图 3-13b）。尽管在结构选型合理性、材料用量经济性等方面存在争议，其鲜明的形式特征仍然影响了许多的体育建筑形式选向。

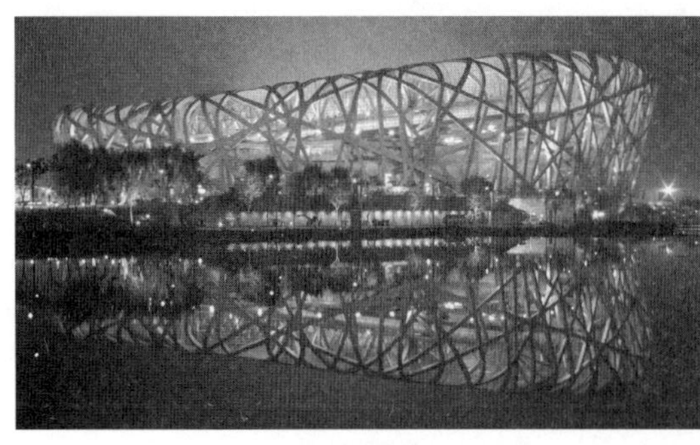

（a）国家体育场——鸟巢

（b）国家游泳馆——水立方

图 3-13　表皮设计实例

2. 基于本土的地域性创作

现代时期的民族形式和地域特色（气候、地域风情）分别自上而下和自下而上地进行地域性尝试。改革开放后的当代时期则在对地域性的转译中融合了现代主义的建筑特征，去政治化、强调现代性。新千年后的当代时期的地域性风格特征中，有关中国传统民族形式和地域民族形式的转译更为多元和丰富，但由于设备技术的进步，反而在对地域气候的敏感反应方面有所缺失。

中华人民共和国成立初期，建筑创作受到了较深的苏联意识形态的影响，现代建筑受到批判，民族形式的建筑创作形式受到推崇。体育建筑的形式创作同样受到民族形式的限制，虽然内部结构先进，但没有相应的符合体育建筑性格特性的外形，而是类似于“宫殿式”的创作，在大空间外包上了相当厚实的外衣。如重庆体育馆（1954）、天津市人民体育馆（1956）都是典型披上“民族风格”外衣的建筑创作（图 3–14）。

（a）重庆体育馆

（b）天津市人民体育馆

图 3–14　“民族风格”立面创作

改革开放时期，地域风格得到了极大的发展，体育馆依旧注重对中国传统建筑形象的借鉴，还注重对地域气候的回应。本时期以气候适应为主要的地域特色创作实践主要集中在三个区域，即以华南地区为代表的炎热气候地区、以西南代表的温和气候地区、以东北区域为代表的严寒气候地区。其体育建筑建设特征如下（表 3–4）。南方地区由于气候炎热，多设置半室外空间和开敞空间；北方地区气候寒冷，要考虑保温隔热，同时注意太阳能的利用。

不同区域的气候特点及应对策略　　表 3–4

区域	炎热气候地区	温和气候地区	严寒气候地区
气候特点	冬暖夏热	冬暖夏凉	冬冷夏凉
应对策略	场馆设计注重自然通风		场馆设计注重保暖、利用冬天的太阳光照

新千年之后，有关地域风格的思考更加丰富、立体，对地域特性的关注和诠释形成了独特的建筑特征。在体育场馆的地域风格创作中，将坡屋面、院落、园林等中国传统空间要素转译于现代化创作中，形成不同的特色形象，如北京理工大学体育馆和河南理工大学体育馆（图3–15）。在少数民族地区，体育建筑还会结合民族特色进行设计，如内蒙古赤峰体育场和宁夏贺兰山银川体育场（图3–16）。

（a）北京理工大学体育馆

（b）河南理工大学体育馆

图3–15　基于坡屋顶的地域风格创作

（a）内蒙古赤峰体育场

（b）宁夏贺兰山银川体育场

图3–16　基于民族特色的地域风格创作

3. 凸显结构特性的结构美学

技术风格以大跨度结构作为形式的出发点。从改革开放后的当代时期开始，结构的形式表达特征也逐渐得到挖掘。从“结构创造形式”到新千年后的当代时期的“结构即形式”，结构与形式的结合无疑愈加紧密，也凸显了体育建筑的技术性特征。

从改革开放时期开始，随着体育建筑大空间特质的凸显，产生了基于建筑空间和建筑技术的形式真实性探索，出现结构外露和屋架外露的设计形式，体现了体育建筑的结构真实性与力量美感。

网架结构开始走向成熟，但也存在形式单一化的趋势，与此同时基于网壳、悬索结构运用的体育建筑创作得到了发展，以空间和结构为主要建筑语言，建筑平面布置和造型有了更大的自由，形成具有时代感的建筑特征，如北京石景山体育馆和朝阳体育馆（图3–17、图3–18）。

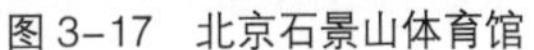

图 3-17　北京石景山体育馆

图 3-18　北京朝阳体育馆

梅季魁先生在 2002 年主编的《大跨建筑结构构思与结构选型》在多年教学、实践的基础上，再次强调了大空间建筑设计中，结构设计和建筑设计之间的有机统一性。北京奥运会羽毛球馆（图 3-19）采用弦支穹顶结构，将结构的轻盈与建筑形式相统一，成为该届奥运建筑最先进的结构技术应用。

图 3-19　北京奥运会羽毛球馆鸟瞰及内景

4. 生态性特征的形式探索

这一风格以环境友好、资源节约为形式创作出发点。1980 年代中后期，尤其是伴随北京亚运设施的建设，引发了有关体育建筑环境设计和景观设计的关注。体育建筑设计开始将环境设计作为总体设计中的重要方面，对于建筑环境的关注不仅仅包括从外部设施角度进行环境营造，也包括建筑本体与环境的和谐共生。

进入 21 世纪，生态、节能问题成为建筑学领域关注重点。可持续发展需求成为建筑设计的重要条件；体育馆设计开始强调适应地貌和场所精神的挖掘；体育建筑不再仅强调自身的宏大性，而是开始考虑与周边环境的和谐共存，控制形体尺度与消隐体量。

3.1.4　体育馆建筑技术的创新探索

推动体育建筑发展的要素中，技术扮演着至关重要的角色，影响着体育建筑形式、功能的变化。除了基本的结构、材料、设施设备技术的发展更新外，计算机技术的快速发展对体育建筑的设计建设起到革命性的推动作用。当今，不但计算机技术进一步发展为数字技术，节能技术也受到重视。

1. 结构技术的发展

体育场馆结构技术的发展伴随着国际先进结构技术的引入和我国自主的实践探索，在发展上呈现出几个特点：①结构选型逐渐丰富，且由一维、二维平面结构为主过渡到空间结构为主的结构选型；②结构朝向大跨度与轻量化发展，用钢量逐步减低。

1950 年代末，国际上掀起了探索新结构和新技术的热潮，和我国在工业建筑上的大量实践共同成为中华人民共和国成立初期体育建筑结构技术进步的双重动因。在国内，特别是“大跃进”中，诞生了许多以结构为特色的工业建筑，如屋顶为 60m 直径圆形薄壳屋盖的新疆乌鲁木齐建筑机械金工车间，屋顶为双曲抛物面钢筋混凝土扁壳屋盖的新疆乌鲁木齐团结剧院等。由于国际技术思潮和工业建筑以技术主导的惯性作用对体育建筑产生影响，加之中华人民共和国成立初期对形式探索较为敏感，技术革新成为体育建筑的重要探索内容，体育建筑结构开始了较快发展，从门式刚架、桁架拱钢架、三铰拱钢架等二维空间结构到网架、网壳结构等三维空间结构均有尝试，技术难度更大的薄壳结构、悬索结构也得到了初步探索应用。钢架是大跨建筑引入以来较为常见的结构选型。北京体育馆结构跨度达 56m，在比较了混凝土结构和钢结构后，采用成对布置的三铰拱落地刚架结构（图 3-20），拱架下不做吊顶，上部设采光窗。该馆虽然存在着结构设计不成熟之处，但初步满足体育比赛活动的需要，成为最早的体育馆建筑的蓝本，不断被各地建设实践借鉴。此外，在反浪费运动的影响下，国内也出现了很多竹木结构的体育馆，如上海华东师范大学建造了“大跨竹拱的风雨操场”。由于室内体育馆结构跨度的显著增大，空间网架得到广泛的应用，自从首都体育馆应用网架结构以来，全国先后有 19 个体育馆采用网架结构。为了进一步挖掘节约“用钢量”的潜能，网壳、薄壳、悬索等新型结构在此时期均有相应的研究和实践。

改革开放后，体育馆建筑的结构进步主要体现在跨度的增大、组合结构的创新以及用钢量的进一步减少三个方面。在体育场馆的结构选型中，悬索结构与网壳结构都有了较大发展。网壳结构综合

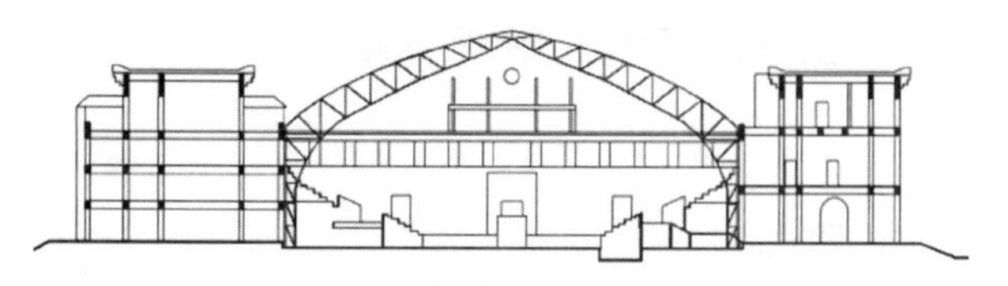

图 3-20　北京体育馆比赛馆的三铰拱刚架

了薄壳结构和网架结构的特点，经济性好、受力合理、形体美观，因而在 1990 年代后，创造了球面网壳、柱面网壳、双曲抛物面网壳等一系列新形象，结构尺度接近 200m。典型案例如黑龙江省速滑馆，采用了螺栓球节点双层网壳，跨度 85m，总长达到 190m，成为当时国内覆盖面积最大的屋盖结构。悬索结构也得到了进一步的发展，用在了较多中型或大型场馆中。虽然在尺度上并没有太多突破，但在形态与种类上都有创新发展，如轮辐式双层索系、双曲抛物面索系、索桁架平面索系、索桁架空间索系、单层平面索系、伞形单层辐射索系、悬挂索网、斜拉屋盖以及组合式索网屋盖等都有实际工程建成，并逐渐向索膜结构方向发展。

1987 年建成的吉林冰球馆，由梅季魁、沈世钊两位先生主持，在国内首次创新性运用索桁架空间组合结构，形成了全新的体育建筑形式（图 3-21）。

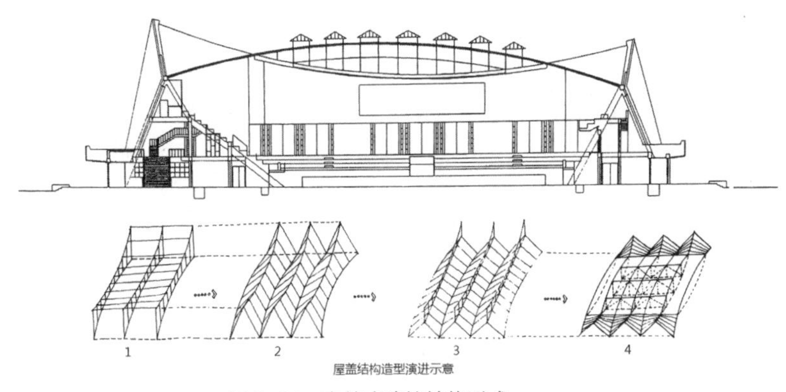

图 3-21　吉林冰球馆结构形式

2000 年后，体育建筑的跨度进一步增加，也更加注重场馆的标志性，新型结构应运而生，主要体现在张拉结构的增多和结构混合化两方面。和传统的一维梁式结构以及二维梁式结构相比，张拉整体体系、开合结构、折叠结构等是世界大跨度空间结构的发展方向。张拉结构体系可以最大化减少用钢量，体育建筑的结构发展出现了从用钢量较大的平板结构向用钢量较少的轻型结构转变的趋势。大跨度屋盖结构设计逐渐转向为三维传力。典型案例如国家体育馆，114m 跨度的国家体育馆采用双向张弦空间网格结构，空间性能良好，包括节点的用钢量为 95kg/m^3。此外，还有北京工业大学体育馆（图 3-22a）。结构的混合化即将两个或多个具有不同改变力之方向机制的结构体系结合在一起，构成拥有新机制的独特有效结构。混合结构可有效利用各种结构优点，弥补单一结构缺陷，在适应复杂形体方面具有优势，同时也可以降低用钢量，带来较好的经济价值，如北京大学体育馆（图 3-22b）。

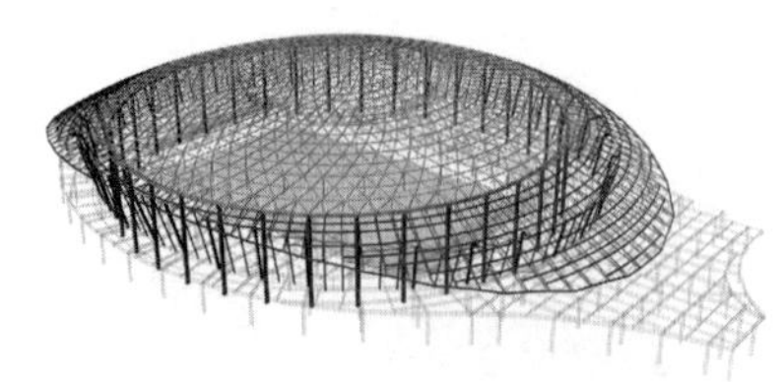

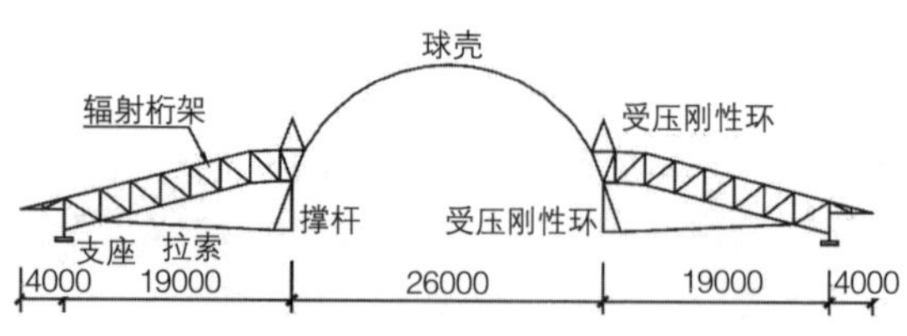

（a）北京工业大学体育馆结构轴测图　　（b）北京大学体育馆屋盖结构剖面

图 3–22　张拉结构与混合结构应用案例

北京工业大学体育馆使用了预应力张弦结构方案，主馆屋盖有一直径 93m 的空间弦支穹顶，使得体育馆的整体屋盖钢结构体系用钢量控制在 50kg/m^2 左右。

北京大学综合体育馆为了使场馆形象契合“中国脊”的设计理念，利用两条螺旋曲线作为金属屋盖的屋脊。由于其形式较为复杂，在结构方面设计了包含 32 榀辐射桁架以及压杆和拉索、中央上下刚性环、中央球壳、支撑体系（包括沿环向布置的同心竖向支撑和桁架上弦平面内布置的联方形支撑）的混合结构体系，提高了结构抵抗外荷载的效率，以较低的用钢量满足了高低起伏的异性扁壳曲面的需求。

2. 材料的创新应用

伴随着钢筋混凝土、钢材等结构材料的发展成熟，装饰面材以及围护材料也逐渐发展，防锈材料、保温隔热材料、吸声材料等都逐渐得到应用。

近代时期，体育建筑往往直接采用清水砖墙或者粉刷墙面作为外饰面，中华人民共和国成立后，外墙面材料选择变为水刷石、面砖等。伴随着玻璃的大面积使用，体育馆有了更为整体的形象，如辽宁体育馆和南京体育馆中就大面积使用了玻璃。重点场馆的室内地面一般选用双层木地板，一些级别较低的体育馆受到经济条件限制，也会采用混凝土板上铺硬木地板的做法。屋面材料在这一时期开始选用更好的合金材料，比如内蒙古体育馆选用了铝镁锰合金板屋面，为了合金屋面的防锈，一般会选用防锈漆进行进一步保护。在这一时期，吸声材料开始用来改善大空间室内音质，往往结合内墙和吊顶布置。

改革开放后，一方面国产材料的性能有所提升，另一方面，也引入了国外的新材料，推动了体育馆建筑材料的发展。亚运工程就大量应用了我国自主研发的材料，如彩色夹芯钢板，与普通屋面板相比，具有重量轻、隔热保温性能良好、强度高、防潮、防火、安全性高等优点，大面积应用于场馆大跨度屋盖和挑棚屋面；我国也在这一时期首次生产了适用于裸露钢结构的防火涂料，与防锈漆配合使用，扩张了钢结构的适用范围。这一时期，国外的新材料也被引入，高性能合金材料和膜材解决了许多技术难题，如天津体育馆的屋面采用最先引进的铝镁合金复合屋面板，可以满足体育馆屋顶的防水、保温、吸声的需求，克服了国内体育馆普遍漏雨现象，吸声也达到了设计指标。墙面材料方面，轻质的铝板和高性能的玻璃都成为体育馆的重要墙面维护材料。场地方面体育场的草坪和塑胶跑道开始更新换代，体育馆内场也在一些重要场馆引进了高水平地板，在弹性、平整度方面达到国际水平。这些新型材料的出现带动了建筑结构选型的优化，推动建筑向“轻质”“高强”方向发展。

2000 年后，材料的选择与应用更为丰富。金属材料、混凝土、石材、陶土饰面等都有了更加新颖的应用方式，创造了许多独特的建筑形象。比如深圳湾体育中心“春茧”的金属格表面（图 3-23a），北京五棵松棒球场的彩色金属立面，再如上海东方体育中心的纤维混凝土板幕墙（图 3-23b），梅县体育中心的陶土板饰面（图 3-23c）。此外，随着新型材料的研发和材料热学性能的优化，玻璃、阳光板、膜（PVC、ETFE、PTFE）等半透性材料也得到了较多运用，给体育建筑带来新颖的形象和更多可能性。如深圳宝安体育馆、东莞篮球馆、深圳大运中心体育馆、游泳馆等均设置了玻璃幕墙。深圳大运中心的体育场为了保持场馆形式的统一性也设计了玻璃罩棚。阳光板自重较玻璃轻，可较大面积地用在体育场馆顶棚中。如重庆袁家岗体育中心体育场采用聚碳酸酯屋面，轻盈通透。广州体育馆屋顶应用了大面积的阳光板，提供了独特的室内外感受（图 3-23d）。膜材具有自重轻、透光、易于形成复杂曲面等优点。不少体育场的罩棚、维护甚至体育馆的屋顶应用了膜材，塑造了场馆独特的建筑形象。当然，透光材料也存在对比赛形成光线干扰的问题。一些场馆不得不进行改造，将透光纳入可调节控制的范围。

（a）深圳湾体育中心

（b）上海东方体育中心

（c）梅县体育中心立面

（d）广州体育馆

图 3-23　2000 年后的体育馆材料应用

3. 设施设备的迭代

设施设备技术对功能的发展也产生较大影响。近代时期简易的现代化设施设备装配是现代体育建筑区别于传统建筑的重要体现。现代时期设施设备技术的进步推动了游泳池的室内化，探索了体育馆的功能扩展；当代时期设施设备技术的更新换代提高了使用舒适性，也使得场馆满足竞技要求；今天，设施新的美学特征及设备“信息化”“智能化”的飞跃发展使得场馆适应于大型赛事、演出活动及电视转播需求。

1950 年代，在室内场馆对于舒适度的需求下，空调设备得到了应用，如北京体育馆游泳馆等。此外，活动地板和活动看台也出现在了体育场馆中，如首都体育馆、上海体育馆等。改革开放后，更多的现代化设备开始在重点场馆中使用，室内体育馆逐步安装了现代化的电气设施，如灯光照明、电话通信、自动消防喷淋系统等。亚运会场馆的设施设备更达到了国际标准，灯光照明设施除了满足国际赛事照明要求外，还能保证彩色电视转播要求；完整构建了包括通信系统、电子计算机系统、广播电视系统、电子计时计分系统和仲裁录像系统在内的电子服务系统。

随着信息技术革命的发展，新千年后设施设备技术在信息化和智能化方面有了长远进步。体育建筑的智能化主要是实现 5 个方面的自动化——“5A”，包括楼宇自动化（BA）、通讯自动化（CA）、办公自动化（OA）、管理自动化（MA）、消防自动化（FA）。信息化和智能化使得场馆具备适应更多可能性挑战的能力，也使其能更好地服务使用人群。设备技术的发展使得室内体育场馆的功能设置逐渐摆脱气候和地域的限制。如原本仅能在北方开展的冰上运动项目，在南方场馆也能够开展。2001 年广东九运会时，广东本地没有能进行冰上运动项目的场馆，相关项目还需安排在北京和哈尔滨进行。而 2004 年南京十运会奥体中心体育馆便安装有制冷管道，可以浇水制冰进行冰上项目，该体育馆成为我国南方地区第一个可以举办冰上赛事的场馆，也是在全运会历史上第一次在长江以南省份进行冰上运动赛事。

4. 数字技术

1960 年代，计算机辅助设计出现，并在建筑领域推广应用，对以空间体系为主要支撑的大空间体育建筑的影响尤为深远。在形式生成方面，数字技术的发展不但满足了体育建筑设计中复杂的形式需求，也为形式的生成提供了理性推导的途径；在功能推敲方面，“参数化”工具简化了体育建筑功能比对的工作量，便于设计人员快速决策；性能优化方面，一系列模拟软件的成熟运用使得设计阶段优化建筑运行能耗，提高建筑舒适度成为可能；而建筑信息模型（BIM，Building Information Modeling）的出现，则为从设计到施工一体化思考提供了支持平台。

如今，“参数化”和“协同化”成为数字化设计和建造技术的发展核心。在一定的算法下，通过参数的改变可以得到不同的形式结果，面对功能调整也有更多的灵活性。例如在国家体育场的瘦身过程中，建筑体量需要极大的缩小，设计人员运用参数化工具，通过对座席坡度、尺寸等的相关参数指标调整，能迅速而直观地给出不同的空间设计效果，提供给决策者进行判断，相较于传统设计方法大大减少了工作量。如国家体育场鸟巢主体结构通过标准化构件编码、三维空间定位系统和机器人自动焊接技术，解决了焊接构件过大、过多、焊缝过长等技术难题。

设计的“协同化”在于利用 BIM 平台将建筑、结构、设备等各专业的设计信息数据集成，构建建筑信息模型，进行集成化管理，从而有效提高设计和施工的工作效率和精确度。通过可视化的模拟和分析，预见和避免各专业设计间的矛盾和冲突，降低施工中的风险和失误。形体复杂的体育场馆，不论是建造还是技术难度往往都较高，土建和设备各专业间的协调也十分麻烦，极易出现由于各专业管线冲突而在建造过程中返工的问题。BIM 工具的出现，将各专业设计信息协同到同一信息模型之中，解决了复杂形体体育场馆的设计冲突问题。越来越多的体育场馆通过 BIM 技术进行图纸绘制和专业协调。不少设计机构专门成立了相应研究机构。

5. 生态节能技术

公共建筑的能耗在我国城镇建筑总能耗中所占的比重极高，节能技术的发展对体育建筑的形式、功能提出新要求。当前，体育场馆生态技术主要包括自然通风、采光技术、太阳能光热光电技术、节水技术、围护结构保温技术等。

我国在建国初期的体育馆设计中就有着对于气候适应的考虑，近年来建筑师对于自然通风、采光也逐渐重视，这些新技术也形成了新的体育建筑形式特征。自然通风的适当引入可以改善体育场馆内部的热环境，提高舒适度，但由于体育场馆的内部空间较大，且往往有辅助空间阻挡，自然通风实施难度较大，需要精巧的考量。华南理工大学南校区体育馆采用混凝土扭克组合结构，利用结构构件组织天然采光，同时组织机械辅助自然通风，将建筑形式与结构构造相结合，其节能降温效果获得了环境监测结果的认同（图 3-24）。对于自然光的应用也是降低体育馆运行能耗，提高舒适度的重要

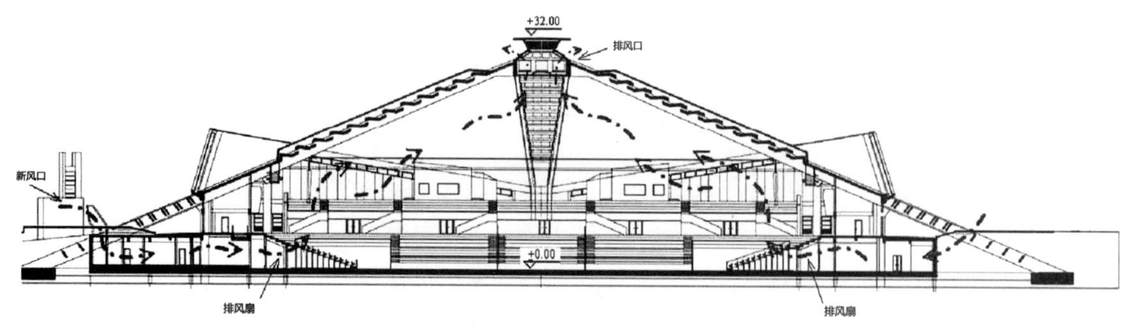

图 3-24　华南理工大学南校区体育馆采光通风设计

图 3-25　卓尔体育馆室内采光天窗效果

手段，恰当的设计采光天窗、侧窗，可以极大减少场馆日常运行中的照明时间，进一步减少能耗。近年来，光导管等新技术也开始被引入体育场馆。应用自然采光的典型案例有武汉大学卓尔体育馆（图 3-25）、北京科技大学体育馆等。

随着光伏技术的成熟与成本的不断降低，光伏建筑一体化成为建筑新能源利用的重要方式。体育建筑的大跨度屋面特征也具有很好的光伏利用优势。如北京国家体育馆建设有 100kW 太阳能并网光伏发电系统，在其屋顶和南面局部玻璃幕墙上安装有 1124 块太阳能电池板，兼具遮阳效用。

其他技术如节水技术、先进的围护结构等也进一步丰富了生态节能技术的体系内容。如广州国际演艺中心设计了三套雨水收集系统回收场馆屋面雨水，以提供室外绿化和景观用水，每年可利用雨水约 20000m^3。

3.2　体育产业与全民健身

3.2.1　全民健身在我国的发展历程

全民健身战略是国家层面的战略和一种健康的生活方式。发达国家的全民健身中心早在 1960、1970 年代就开始普及推广，且经历了很长时间的发展实践，已经形成相对完备的全民健身设施体系，呈现出开放性高、整体性好、复合性强等诸多特点。而我国的全民健身起步较晚，但发展迅速，在发展过程中也面临各种问题。

在中华人民共和国成立初期，大众体育便成为我国体育事业的主要发展目的。1952 年提出了中华人民共和国的全民健身指导方针，即“发展体育运动，增强人民体质”，号召要广泛开展群众性体育运动，增强民众的身体健康。

改革开放后，为满足人民群众对健康的迫切需求，国务院于 1995 年颁布实施《全民健身计划纲要》，提出以全民健身运动提高我国人民健康水平的战略性决策，只有国民体质总体的增强，在经济、教育、科技、文化发展上才具有坚实的人力基础。全民健身的发展理念应运而生。不过在这个阶段中由于竞技体育和奥运战略的发展，全民健身的目标有所偏离。

新千年之后，国家出台了诸多关于全民健身运动的政策性文件。借助奥运热潮，全国许多城市都开始重视建设生态体育休闲公园，并广泛普及体育运动，推动全民健身上一个层次。但在中小型城市及村镇并未得到大力推广，出现了过分看重竞技体育成绩，群众体育活动场地不足，不同年龄层健身情况不均衡，地区及城乡之间的发展水平差距较大等问题。经过《全民健身计划（2011—2015 年）》的实施，初步建立起覆盖城乡、比较健全的全民健身公共服务体系，形成了“政府主导、部门协同、全社会共同参与”的全民健身事业发展格局。

党的十九大提出了“广泛开展全民健身活动”，全民健身从目的相对单一、群众广泛参与的强身健体运动变成了惠及全体人民的健康文明生活方式。未来，国家将不断完善公共体育设施，加快建设能够适应不同人群健身需要的健身路径；充分调动社会力量参与全民健身活动，完善基层体育组织和网络机制搭建；健全各类健身组织，扩大各类体育协会的成员规模，加快推进各类体协向社区延伸。推进覆盖城乡的基层体育组织建设，加快各区（市）全民健身站点建设和城乡健身俱乐部、农村体育健身组织建设。

3.2.2 全民健身对体育场馆建设的影响

全民健身促进了我国体育产业市场和产业链的完善，给我国体育产业的创新和多元化发展创造了基础，而体育场馆的建设，则是全民健身的核心场地和保障。

虽然近几年我国各地建设了许多体育场地，但是我国每万人拥有的体育场地仍然不足十个。同时，我国基层民众在健身过程中仍然没有科学的指导，具有突出的盲目性及无组织性，制约了全民体育健身服务体系的可持续发展。发展体育产业需要充分发挥场馆设施在体育服务业中的基础性作用，最大限度地发挥场馆的综合效益。

因此，在建设过程中需要注意以下两个方面：一是提升现有的场地设施。按照配置均衡、规模适当、方便实用、安全合理的原则，科学规划和统筹建设全民健身场地设施。二是在新建、改建城市居住区时，必须考虑群众健身锻炼的需要，在建设中留出体育活动场地。如应考虑把大众体育场馆设施建设同城市公园建设和小区绿地开发结合在一起等。

进一步地，应该合理开放各类体育设施，提高场馆利用率。具体落实措施包括逐步开放现有体育场馆，把现有的学校、机关、企事业单位及公共的体育设施对外开放，实行广大群众能够接受的有偿服务，同时，要拓展体育场馆的多功能使用，增加体育场馆的利用率。

未来体育设施的建设应更多的覆盖各类体育建筑类型，向精细化与多元化发展。比如，以社区为基点，构建健身活动圈，建设并管理运营小型化、多样化的中小型体育场馆，增多户外多功能球场、公众健身活动中心、健身步道，将户外运动、极限运动、休闲体育项目等体育健身休闲范围进一步拓展和丰富。

3.3 多功能体育馆的发展趋势

3.3.1 多功能体育馆的发展背景

多功能集成是现代体育馆发展的重要方向。英国著名体育建筑设计公司 Populous 的几位设计主管在接受著名的体育场馆建设与管理杂志 *Pan Stadia and Arena Management* 的采访中均表示，能服务多种活动的多功能场馆是未来体育建筑的发展方向。

现代多功能体育馆需要服务的各类活动包括各级别的专业体育比赛、专业体育训练、大众体育健身（含学校体育教学）、文娱演出与大型集会、大型展览等。此外文化馆、博物馆、商业等功能也被囊括在与多功能体育馆相关的规划设计中。为实现体育馆的多功能化，在设计上主要采取两种策略：多种功能空间集约化和多功能复合化。

3.3.2 体育馆多种功能空间的集约化

体育馆多种功能空间集约化设计策略指的是将体育馆与其他功能空间进行组合。一方面各功能空间之间相互联系、相互促进，而且不同功能空间可共享辅助空间与辅助设施，节省建筑面积；另一方面将多种功能空间组合起来，比较容易形成较大的建筑体量，可满足体育馆宏大形象的标志性需求。集约化的设计策略具体可分为两种基本方法：水平集约与竖向集约。

1. 水平集约

水平集约是不同功能模块在水平方向集约设计。如体育馆与游泳馆、会展、博物馆、文化馆等在平面上相互组合，形成综合体。最典型的水平集约如“场馆合一”，强调体育馆与小型体育场组合设计，通过紧凑布局节约用地，另一方面也最大化了设施的综合效益。如四川大学体育馆、沈阳工业大学体育场馆等，通过“场馆合一”的方式节约了大量资金与土地。

随着水平集约的不断发展，更多的场馆设施被整合到同一平台。如常州体育中心，江门体育中心都整合了体育与会展功能（图 3-26a、b）。大连理工大学体育馆包括了比赛馆、游泳馆、健身房和体育教研室四部分（图 3-26c、d），有效地服务于校园比赛、健身、娱乐、集会、办公等多项功能。

2. 竖向集约

除了水平层面的集约，在大跨结构技术的进步下，还能进行大空间的竖向叠合，形成体育功能空间的竖向集约。如上海静安体育中心游泳馆首次被置于 27.6m 的高空，开创了体育建筑功能空间从水平组合转向竖向发展的先例（图 3-27）。随着城市化的发展，城市中心区用地越发紧张，竖向集约成为较为合理的解决策略。如位于上海徐汇枫林路的游泳馆巧妙地在比赛馆中竖向叠加游泳池和网球场，在训练馆中竖向叠加训练池、办公区和羽毛球场，从而满足了紧凑用地中的功能排布问题。

（a）江门体育中心鸟瞰

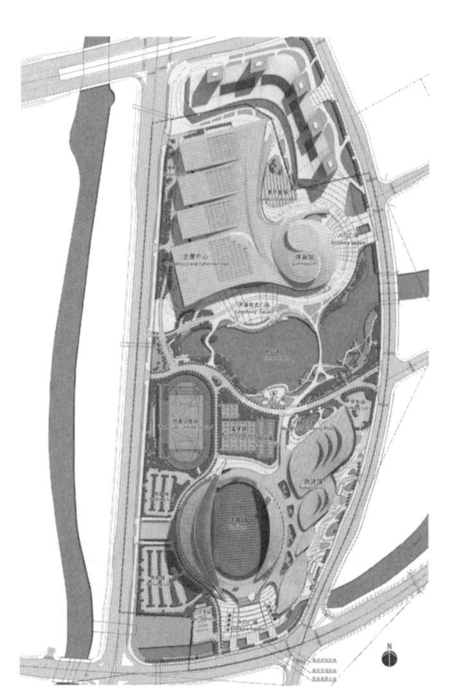

（b）江门体育中心功能组合

（c）大连理工大学体育馆

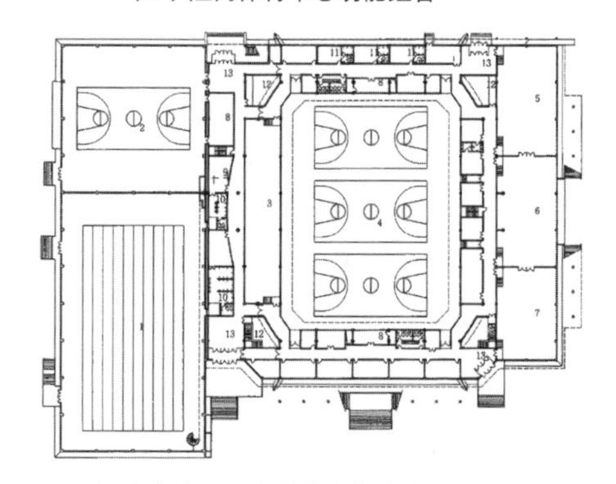

（d）大连理工大学体育馆功能组合

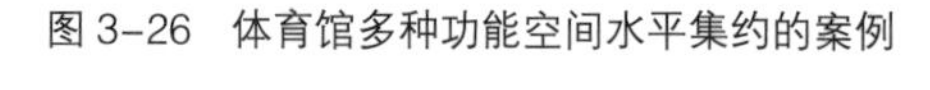

图 3-26　体育馆多种功能空间水平集约的案例

（a）上海静安体育中心鸟瞰

（b）上海静安体育中心游泳馆内景

图 3-27　上海静安体育中心

3.3.3　体育馆的多功能复合化

体育馆的多功能复合化，在空间上分为体育功能自身层面的复合以及体育功能与商业功能、文化功能、会展功能、观演功能等其他功能的复合。除了空间上的复合，功能空间在不同时间段的灵活转变则体现了时间维度的复合化，在综合考虑不同活动的功能需求的情况下，让体育馆可以通过对场地、临时座席、活动座席等设施进行调整而满足各类活动，如比赛、训练、展览、文艺汇演等的使用要求。目前，国内外大多数现代体育馆的设计都采用了这一策略。

1. 空间上的复合

一方面，是体育功能自身的复合。即将不同场馆并置在同一空间中，或者竞技体育功能与全民健身功能的复合。随着全民健身事业的发展，各类大众健身活动空间的复合也开始通过全民健身中心实现。

除了体育功能的复合，还有对于非体育活动空间的复合，在这一方面，商业功能、演艺功能、文化功能、会展功能与体育功能有较大的复合适应性。比如，与商业功能的复合可以服务于体育场馆的人群，也同时增加了日常经济效益。此外，体育设施文化功能的复合特别适用于中小城市的公共建筑群功能设置，可以在资源紧张的情况下最大化的发挥城市公共文化设施的效应。比如广州亚运城综合体育馆（图 3–28a），整合了包括综合场馆、体操馆和博物馆等一系列功能（图 3–28b）

（a）广州亚运城综合体育馆鸟瞰

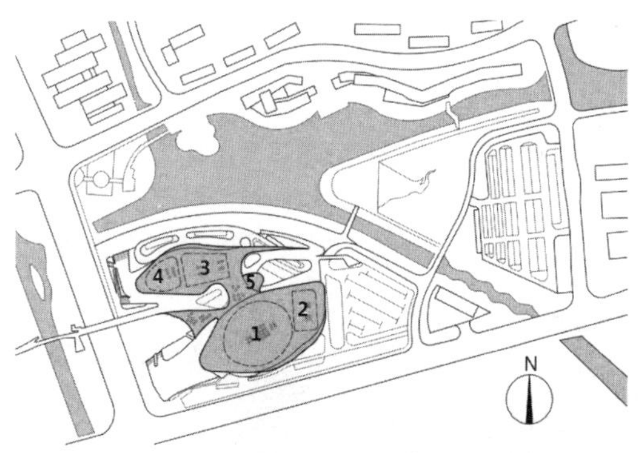

1. 体操馆　2. 训练馆　3. 壁球馆　4. 台球馆　5. 历史馆

（b）广州亚运城综合体育馆功能组合

图 3–28　广州亚运城综合体育馆

2. 时间维度的功能转化

在时间维度上，体育场馆，尤其是多功能比赛大厅，可以通过场地、活动座椅的变换，利用不同功能使用时间上的错位，实现时间上的多功能转换与复合。以武汉大学卓尔体育馆为例（图 3–29），通过场地内活动座椅的调整，可以满足赛时和赛后全民健身的不同空间需求，也兼顾了高校日常使用的集会、展览等功能。

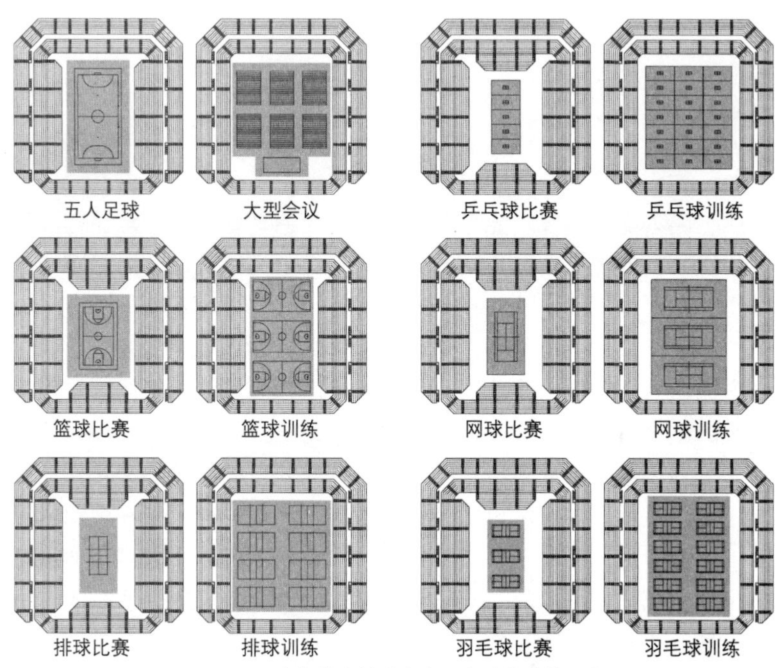

图 3–29　卓尔体育馆比赛大厅多功能转换示意

广州新体育馆（图 3–30）将举办演唱会活动作为其重要运营内容，也因此成为可以自负盈亏的体育场馆。

而展览功能与体育功能的复合，也是利用展览馆与体育馆两类设施的空间相似性，在无体育活动的时间段进行展览活动，可以提高空间利用率，体育场馆所提供的大跨度空间，可以满足各类展览活动的灵活布置。演艺功能的复合则与体育场馆的空间特质相关，由于演唱会等演艺活动的活跃，且职业体育赛事的低迷，体育场馆为演艺活动场所的使用频率较高（图 3–30）。国内多数体育场馆在赛后运营活动中，展览、文艺汇演等均占有重要比重。

另一个典型案例是位于伦敦东南格林尼治半岛千年穹顶之下的 O2 体育馆（图 3–31），这是世界上最繁忙的体育馆之一，也近乎是世界上最繁忙的音乐舞台。该场馆由 Populous 设计，是伦敦奥运会的场馆之一。通过灵活的场地转换和适应，场馆内举行体育

图 3–30　广州新体育馆

比赛、音乐会、颁奖晚会、企业年会等多种活动（图 3-32），包括 ATP 网球巡回赛，NBA 海外赛，以及碧昂斯、酷玩乐队的音乐会等（图 3-33）。在体育馆之外，O2 体育馆还配套有电影院、展厅、广场以及酒吧、餐厅等商业附属空间。

图 3-31　O2 体育馆及附属空间

（a）篮球比赛

（b）体操比赛

（c）演唱会

（d）演唱会场地布置

图 3-32　不同使用场景下的 O2 体育馆

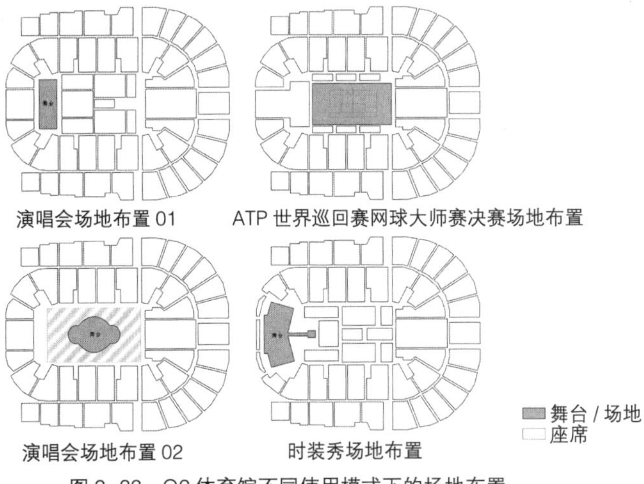

图 3-33　O2 体育馆不同使用模式下的场地布置

多功能比赛大厅是实现体育场馆时间维度上多功能复合化的重要场所，合理的设计能极大的增加体育场馆的整体使用效率，因此，多功能比赛大厅设计也是本书所强调的设计研究重点。

第 4 章　多功能体育馆平面空间布局

4.1　多功能体育馆比赛厅空间需求

比赛厅（或称观众厅）是体育馆的主体，由比赛场地和观众座席组成。比赛场地是比赛厅的核心，观众座席则围绕比赛场地布置。比赛厅的规模由场地的类型和观众座席数量决定。

比赛厅场地的规模和类型由体育馆的性质和用途共同决定，是体育馆建筑设计的最基本依据之一。同时，场地的规模和形状又制约着体育馆的用途和座席布局，直接影响到体育馆的利用率。不同的体育项目在比赛、训练以及全民健身活动的时候都对场地有着不同的尺度要求。多功能体育馆比赛厅场地规模，决定了在同一场地内可进行体育比赛项目的类型以及其赛后体育训练、全民健身、会展、演出等活动的范围。比赛厅场地大小的确定首先取决于体育运动项目的要求，场地大，可进行的体育比赛及赛后利用项目就多，通用性更强。但场地过大会增加体育馆屋盖跨度，且赛后很难充分利用，使投资和运营变得不经济。因此，合理决定比赛厅场地形制，是体育馆设计中的重要问题。

1. 体育比赛的空间需求

多功能体育馆比赛厅设计首要考虑的就是满足体育比赛的需求。体育比赛和训练的场地大小，包含了运动区域和缓冲区域。在考虑体育比赛时，应尽量使场地可以适应不同的比赛项目。过去我国一般球类馆多以篮球、排球为主，场地难以适应其他类型比赛，使用率低。而如果在设计时考虑手球、体操等对场地空间要求较大的项目，则对于不同比赛项目的兼容和赛后群众运动的适应都更为有利。

除运动场地外，场馆在进行体育比赛时还需要满足观看者对于观看比赛视觉质量的要求，这会涉及体育比赛的视点选择以及场馆的座席布局（图 4-1）。

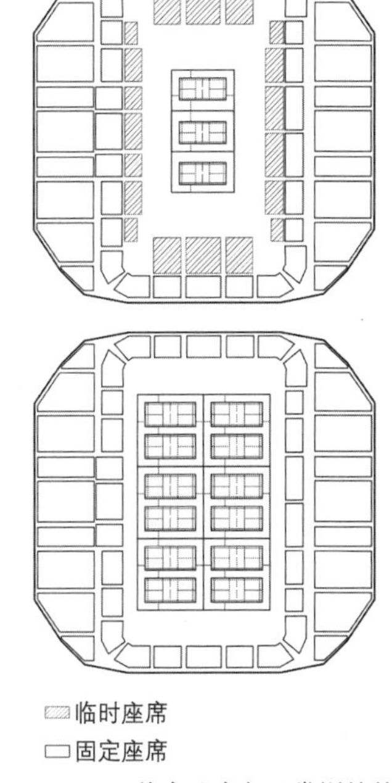

图 4-1　体育比赛与日常训练的场地布置模式与相应的座席布局示例（卓尔体育馆）

2. 群众锻炼的空间需求

体育场馆在赛后大量的时间里要兼顾群众锻炼的功能，此时，越大的活动场地就能够容纳更多的球场，从而提高场馆的日常利用率。但是对于专业体育赛事而言，多出来的空间使得首排固定座席远离比赛场地，需要大量的活动座席填满多出来的空间，造成一定的不确定性。因此体育场馆的活动场地扩大应适当进行，在保证比赛通视性的前提下，通过设置活动座席和临时座椅的转换，实现赛后群众锻炼的利用。

3. 文艺演出、展览与集会的空间需求

相对而言，文娱表演与集会以及展览对活动场地尺寸影响较小。文娱表演与集会需要的舞台尺寸通常远小于场地尺寸，可以设置在场地中央、端部或一侧，剩余空间用临时座椅填充（图 4-2）。由于文艺演出多是单向观赏而体育比赛则是四面观赏，单向与多向观赏在功能转换的过程中会造成一部分看台得不到充分的利用。中小型体育馆一般可以通过采取非对称布局等方式化解矛盾，大型体育馆受到视距的限制，在文艺演出时一侧看台往往会达到最大容量，其余看台可以放弃不用。

展览活动则通常采用标准展位，根据国际展览协会的规定，标准展位尺寸为 3m×3m×3m，远小于活动场地尺寸。一个 40m×70m 的活动场地相当于会展建筑里的一个标准展厅，可以容纳足够多的标准展位。

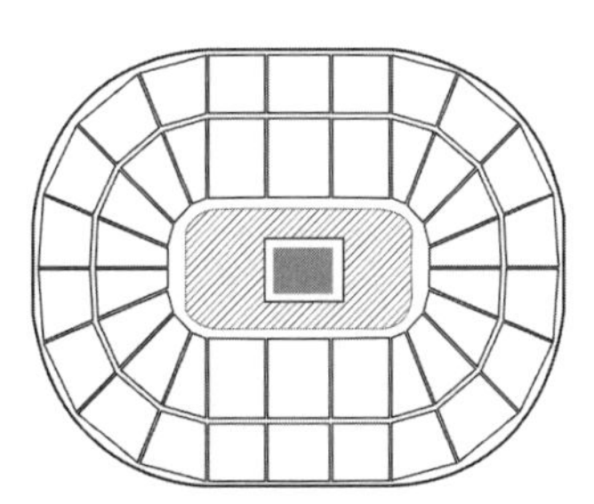
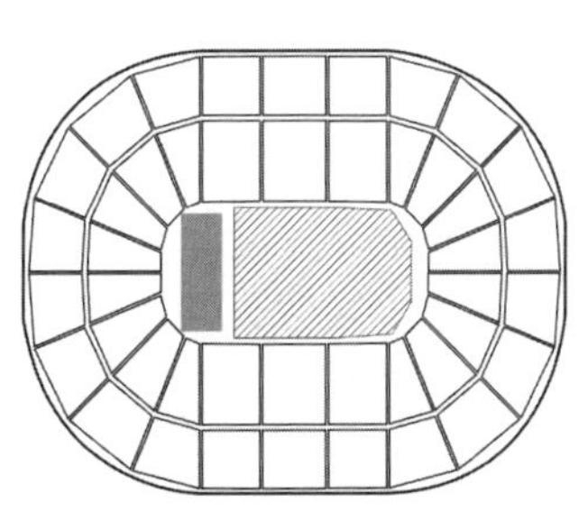
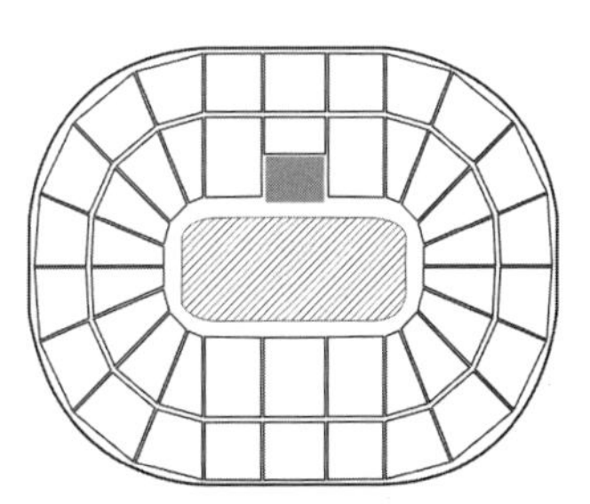

图 4-2　文艺演出时三种舞台布置模式以及相应的观众席布局（曼彻斯特体育馆）

4.2 多功能比赛厅场地设计

4.2.1 单项运动比赛场地及群众运动的空间需求

在进行体育馆比赛厅场地设计时，首先应熟悉单项体育比赛场地及缓冲地带的设置要求，同时要了解不同运动的训练场地及群众运动场地尺度。各项运动的比赛场地大小以及场地与观众席之间的缓冲地带，应依据国际比赛规则的规定进行设计。以下是常见球类运动比赛场地的形制规范。

1. 手球运动场地

七人制手球比赛场地为 40m × 20m，比赛场地端线侧缓冲距离 4m，边线侧缓冲距离 2m。训练场地端线侧缓冲距离 2m，边线侧缓冲距离 2m。比赛场地最小净高 9m，训练场地最小净高 7m（图 4–3）。

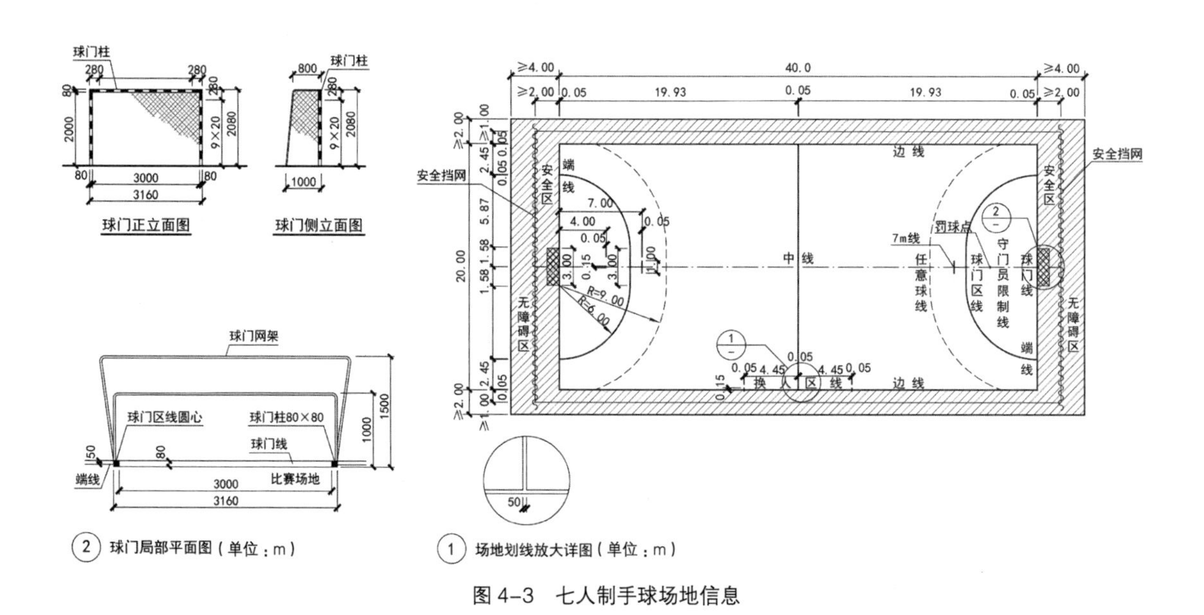

图 4–3 七人制手球场地信息

2. 篮球运动场地

篮球场地的比赛场地及训练场地规格为 28m × 15m；其中，比赛场地端线侧缓冲距离不小于 5m，边线侧缓冲距离不小于 6m，休闲健身场地的边线及端线外均不应小于 2m。休闲健身的场地规格为：长 24~28m，宽 13~15m。休闲健身的场地尺寸可以适当缩小，但长度和宽度值应按照 2 ： 1 的比例，且不应小于 22m × 12m。室内篮球场地净高不小于 7m（图 4–4）。

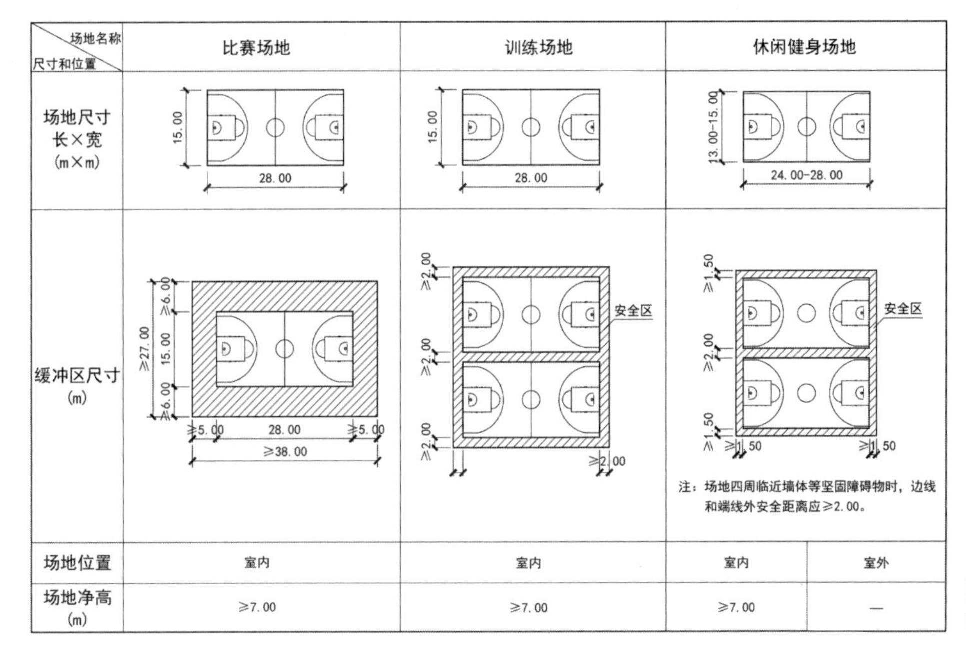

图 4-4　篮球运动场地平面图

3. 排球运动场地

排球场地规格为 18m × 9m，比赛场地端线侧缓冲距离不小于 9m，边线侧缓冲区不小于 5m。训练场地端线侧缓冲距离不小于 4m，边线侧缓冲区不小于 3m。休闲健身场地缓冲区距离应不小于 3m。比赛和训练场地净高不小于 12.5m，休闲健身场地净高不小于 7m，在实际工程中，可根据项目方需求调整空间高度（图 4-5）。

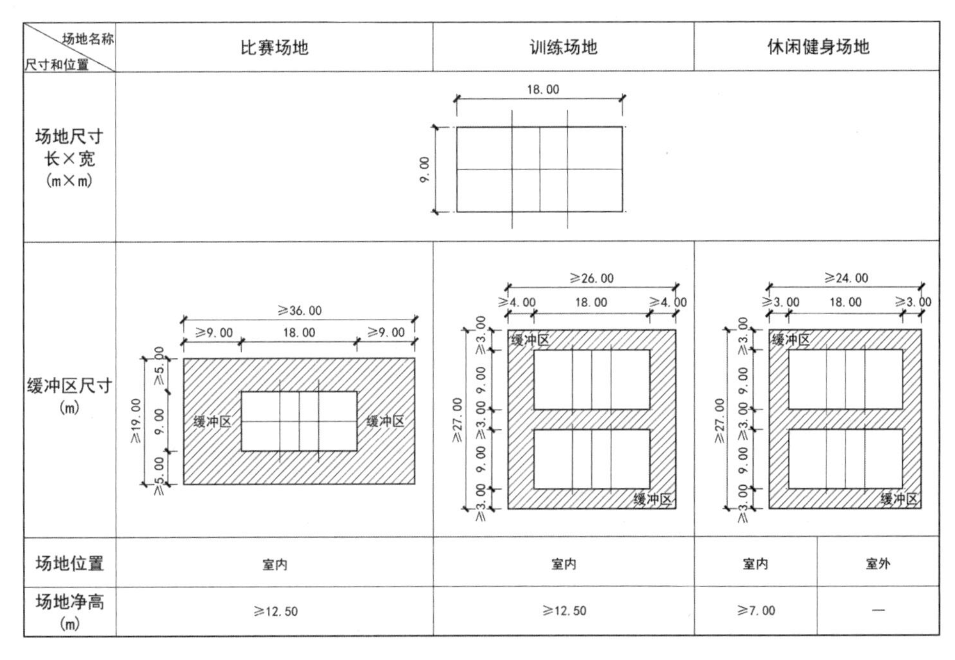

图 4-5　排球运动场地平面图

4. 网球运动场地

网球单打场地尺寸为 23.77m×8.23m，双打场地尺寸为 23.77m×10.97m。其中，比赛场地边线侧缓冲距离不小于 3.66m，端线侧缓冲距离不小于 6.4m，场地间距不小于 7.32m。训练场地边线侧缓冲距离不小于 4.03m，端线侧缓冲距离不小于 7.12m，场地间距不小于 8m。而休闲健身场地边线侧缓冲距离不小于 3.66m，端线侧缓冲距离不小于 6.40m，场地间距不小于 5m。比赛场地净高要求边线外 3.658m 处上方 5.486m 以下无障碍物，端线外 6.401m 处上方 6.401m 以下无障碍物，球网上方 10.668m 以下无障碍物。训练场地中心净高不低于 12.5m，四周围墙及场地外围地区最低高度为 3.0m（图 4-6）。

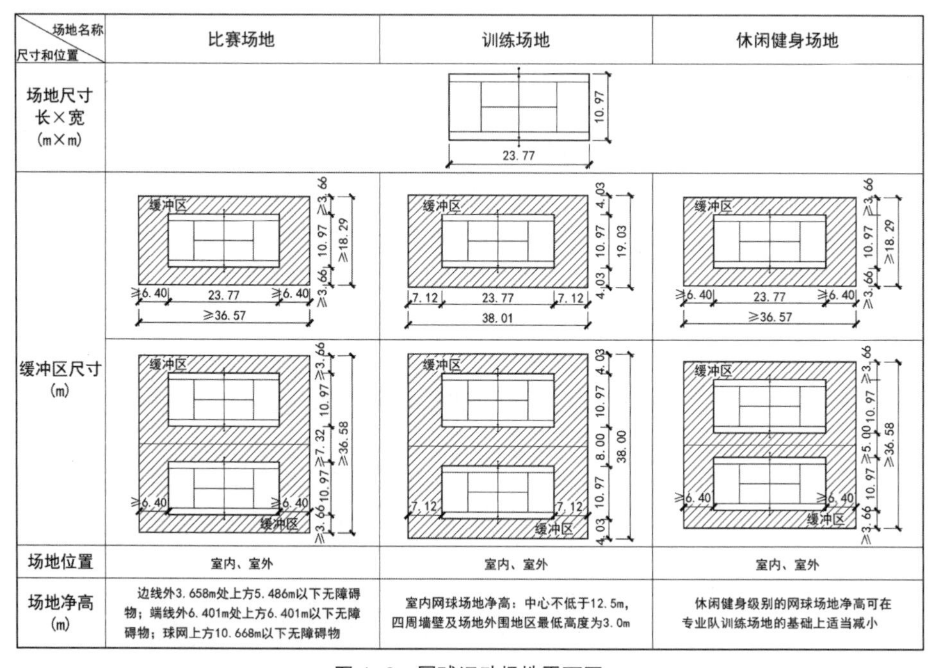

图 4-6　网球运动场地平面图

5. 羽毛球运动场地

羽毛球单打场地尺寸为 13.40m×5.18m，双打场地尺寸为 13.40m×6.10m。其中，比赛场地边线侧缓冲距离不小于 2.20m，端线侧缓冲距离不小于 2.3m，场地间距不小于 6m。训练场地边线侧缓冲距离不小于 2m，端线侧缓冲距离不小于 2m，场地间距不小于 2m。而休闲健身场地边线侧缓冲距离不小于 1.2m，端线侧缓冲距离不小于 1.5m，场地间距不小于 0.9m。比赛场地净高不小于 12m，训练及休闲健身场地净高不小于 9m（图 4-7）。

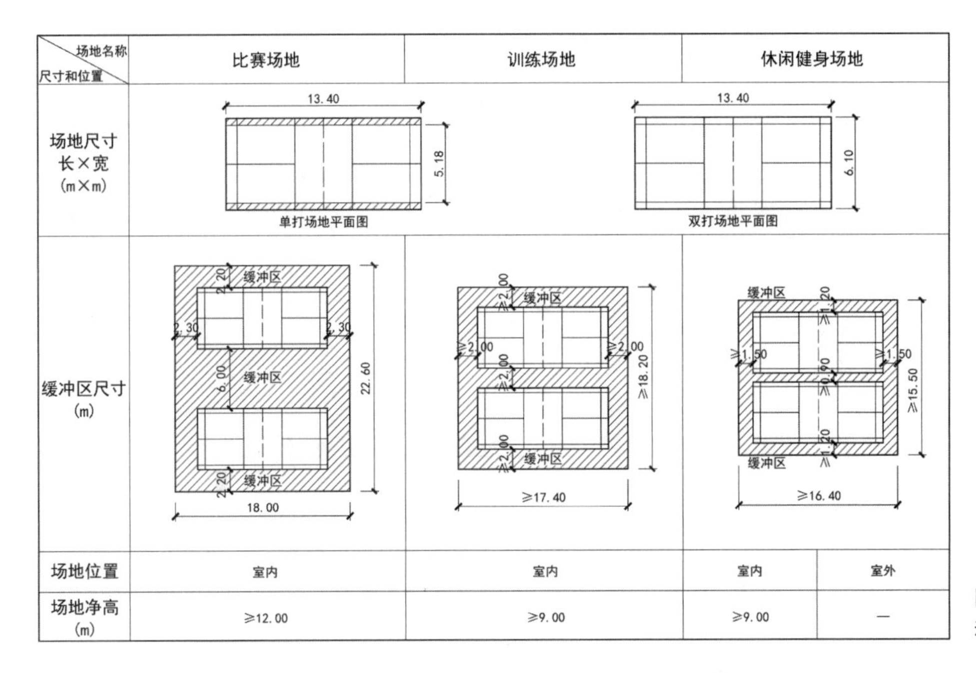

图 4-7　羽毛球运动场地平面图

6. 乒乓球运动场地

乒乓球的球台尺寸为 2.740m×1.525m，比赛场地的尺寸为 14m×7m，训练场地尺寸为 12m×6m，球台位于场地中央。休闲健身的场地内可以成组布置多张球台，球台短边间距应不小于 5m，场边间距不小于 2m。乒乓球比赛和训练场地净高不小于 4.76m，休闲健身场地净高不小于 2.24m（图 4-8）。

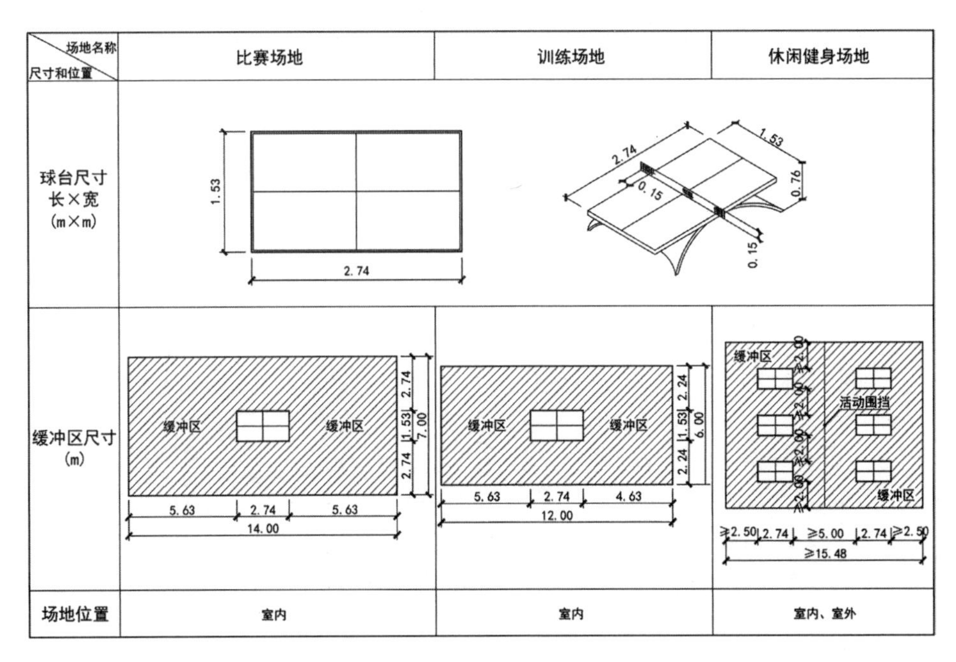

图 4-8　乒乓球运动场地平面图

7. 体操运动场地

体操运动场地尺寸为 70m × 40m。比赛场地端线侧缓冲距离 4m，边线侧缓冲距离 4m。训练场地端线侧缓冲距离 2.5m，边线侧缓冲距离 2.5m。比赛场地最小净高 14m，训练场地最小净高 6m（图 4-9）。

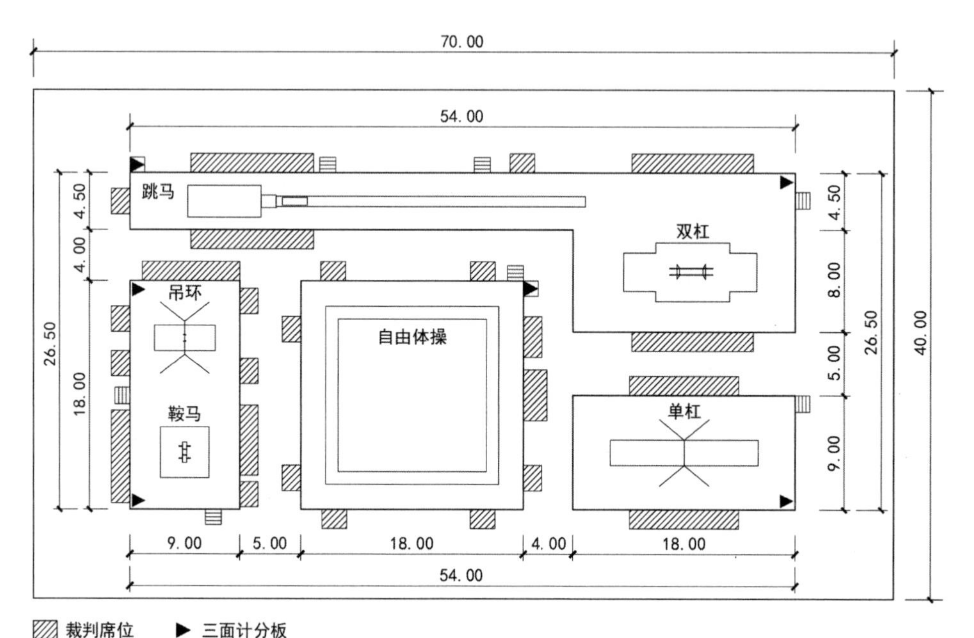

男子体操比赛场地搭台布置示意图（单位：m）

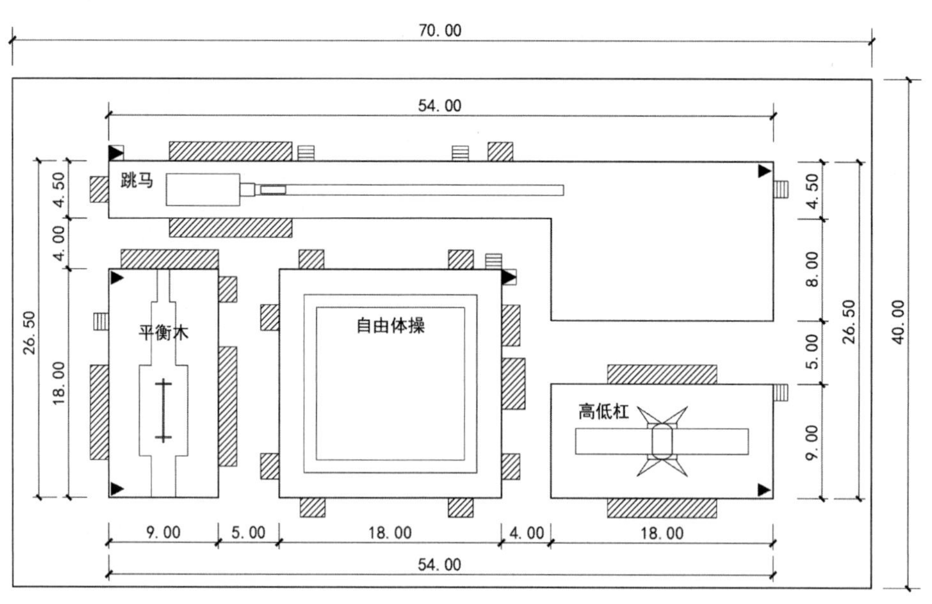

图 4-9　体操比赛运动场地平面

女子体操比赛场地搭台布置示意图（单位：m）

8. 各类运动场地空间尺寸要求

标准比赛场地包含比赛场地区域以及缓冲区（图 4–10）。表 4–1 列出了常见室内运动场地的空间尺寸要求，在设计过程中，应当参照最新国际比赛标准。

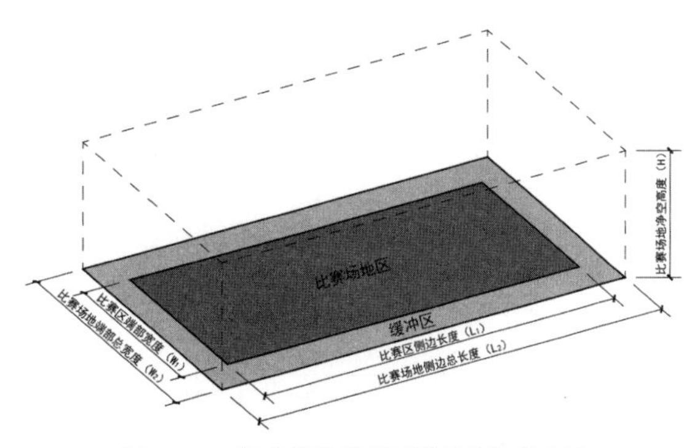

图 4–10　标准比赛场地及附属空间示意图

各类室内运动场地空间尺寸要求（单位：m）　　表 4–1

体育比赛项目	比赛场地尺寸（$L_1 \times W_1$）	缓冲距离		最小净高（H）	总体尺寸（$L_2 \times W_2 \times H$）
		端部	侧边		
手球	40×20	4	2	9	48×24×9
		2	2	7	44×24×7
网球	单打 23.77×8.23 双打 23.77×10.97	6.40	3.66	12.5	36.57×18.29×12.50
		7.12	4.03 场间 8	12.5	38.01×19.03×12.50
篮球	28×15	5	6	7	38×27×7
		2	2	7	32×19×7
排球	18×9	9	5	12.5	36×19×12.5
		4	3	12.5	26×15×12.5
羽毛球	单打 13.40×5.18 双打 13.40×6.10	2.3	2.2 场间 6	12	18×10.5×12
		2	2	9	17.4×10.1×9
五人制足球	（38~42）×（18~22）	1.5	1.5	7	（41~45）×（21~25）×7
	（25~42）×（15~25）	1.5	1.5	7	（28~45）×（18~28）×7
乒乓球	14×7	5.63	2.738	4.76	25.26×12.476×4.76
	12×6	4.63	2.238	4.76	21.26×10.476×4.76
体操	–	4	4	14	56×26×14
		2.5	2.5	6	40×25×6
艺术体操	26×12	2	2	15	50×30×15
		1	1	10	–
举重	4×4	–	–	4	4×4×4
		–	–	–	–
击剑	14×（1.5~1.8）	3	3	–	20×（7.5~7.8）
		–	–	–	–
摔跤	12×12	3	3	4	18×18×4
		–	–	–	–
武术	14×8	2	2	8	18×12×8
		–	–	8	–
柔道	（14~16）×（14~16）	1.5	1.5	4	（17~19）×（17~19）×4
		–	–	–	–
冰球	（60~61）×（26~34）	2.5	2.5	6	（65~70）×（35~40）×6
		–	–	–	–

4.2.2　多功能体育馆比赛厅场地类型与规模

不同的体育项目适应的群众运动场地类型和数目均有不同，在进行社区体育设施或小型体育设施的设计时，可以通过调研当地最大需求量的体育类型并结合该运动项目的场地尺度进行合理的选型与布置（图4–11），以篮球场地为例列出一些常见体育运动类型的场地转换选择。

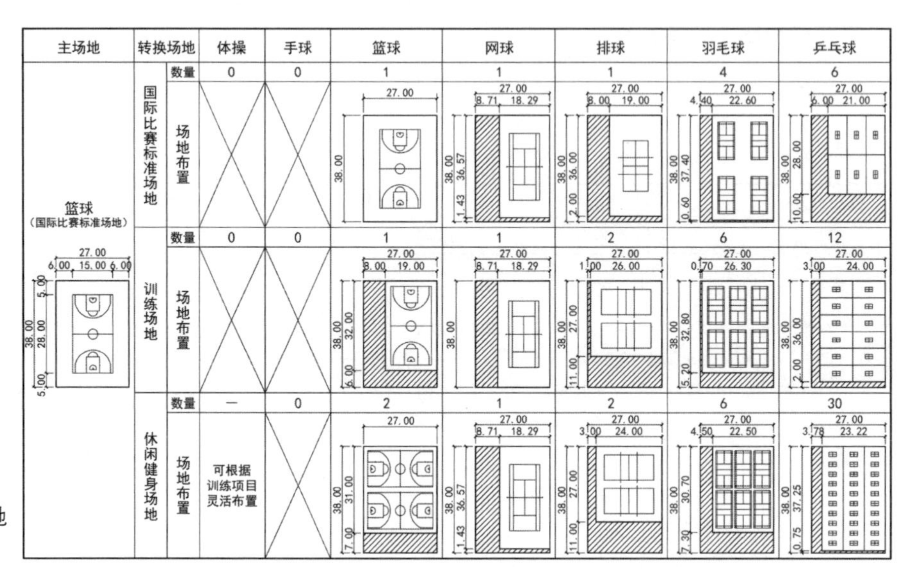

图 4–11　常见运动场地转换方式（单位：m）

对于多功能体育馆的比赛厅来说，场地选型需要考虑的因素则更为综合。多功能体育馆比赛厅场地大小一般会超出文艺演出的舞台规模，因而文艺演出的相关功能一般不会左右观众厅场地规模。而对于展览功能来说，体育馆需要在不牺牲体育比赛观赛质量的前提下考虑对于展览功能的适应。因此，体育馆比赛厅场地规模的选择主要取决于体育比赛和群众休闲健身的场地需求。

过去，我国最早采用篮球场地规模作为基本形式，但这种模式场地尺寸较小，所容纳的比赛项目过少，无法适应多样化的体育比赛和群众运动需求，限制了体育馆的使用效率。从体育比赛的角度来看，自 1972 年慕尼黑奥运会将手球列入奥运项目以来，手球运动在我国也有了快速发展，随着室内网球、体操比赛的需求增加，在进行观众厅场地类型和规模选择的时候，应考虑手球、体操比赛等要求。从群众运动的角度来看，采用篮球场地作为模数较为合适，一方面是篮球运动需求较多，另一方面是可以兼顾排球、羽毛球等运动。此外，场地扩大还需要考虑不同项目所空出的比赛场地可以用活动看台和活动座席填满，并保证视线不被遮挡。

综合考虑体育比赛和群众运动需求，当前，常见的多功能体育馆观众厅场地基础尺寸可分为三个类型。值得注意的是，在实际项目的设计中，由于需要考虑场地周围活动看台布置等问题，在下列三种多功能场地的尺寸基础上可以有适当的扩展调整。

1. 多功能 Ⅰ 型（36m × 44m）

多功能 Ⅰ 型场地可以满足除体操外的大部分球类运动比赛需求。其宽度确定主要依据是乒乓球比赛的宽度要求。大型乒乓球比赛约需 8~12 块场地，按照国际标准单块 7m × 14m，总体双排布置，占地宽为 28m，墙外留出通道及运动员、教练员休息区 3~4m，其场地所需总宽度为 34~36m。

在日常训练及群众运动中，多功能 Ⅰ 型场地还可满足 2 块篮球场、网球场，3 块排球场以及 10 块羽毛球场和 12 块乒乓球场的布置，场地可以得到充分的利用。

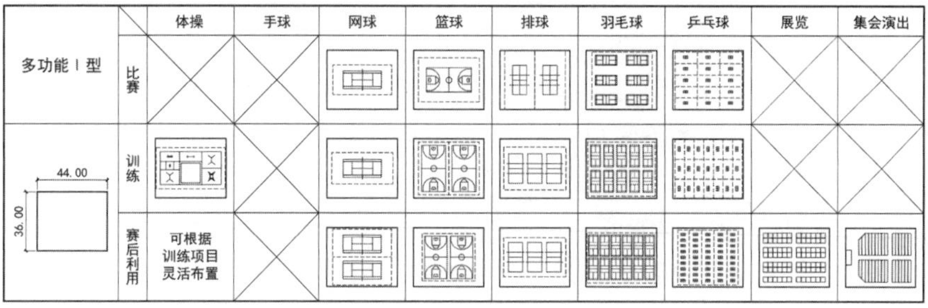

多功能 Ⅰ 型		体操	手球	网球	篮球	排球	羽毛球	乒乓球	展览	集会演出
	比赛									
44.00 36.00	训练									
	赛后利用	可根据训练项目灵活布置								

图 4–12　多功能 Ⅰ 型场地功能转换布置示例

图 4–12 说明了多功能 Ⅰ 型场地常见的功能转换模式。多功能 Ⅰ 型场馆最早在北京亚运会等多座中型体育馆中被采用。

2. 多功能 Ⅱ 型（36m × 54m）

多功能 Ⅱ 型场地在多功能 Ⅰ 型场地的基础上更多的考虑到了群众运动健身的需求，扩大了场地长度。在赛后的群众健身中可以放置 3 块篮球场地、6 块排球场地以及更多的羽毛球、乒乓球场地。

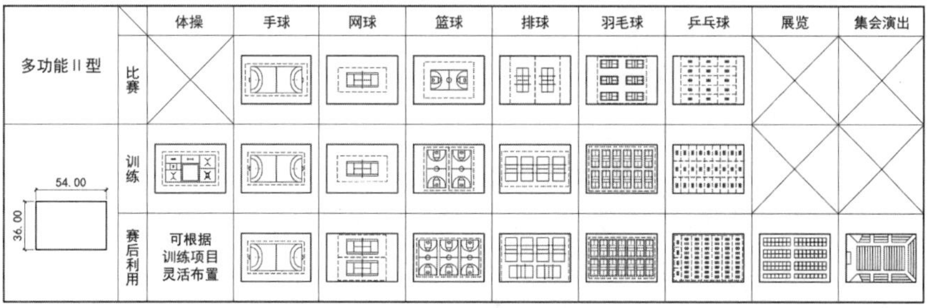

多功能 Ⅱ 型		体操	手球	网球	篮球	排球	羽毛球	乒乓球	展览	集会演出
	比赛									
54.00 36.00	训练									
	赛后利用	可根据训练项目灵活布置								

图 4–13　多功能 Ⅱ 型场地功能转换布置示例

图 4–13 说明了多功能 Ⅱ 型场地的常见功能转换方式。20 世纪 90 年代的哈工大体育馆就首次运用了这种场地选型。

3. 多功能 Ⅲ 型（40m × 70m）

进入 21 世纪后，国际体操比赛场地要求发生了变化，多功能 Ⅲ 型 40m × 70m 的场地即在满足其他球类比赛的基础上适应了国际体操比赛搭台的要求。同时，在赛后训练和群众健身的使用中，各球类场地数量也有所增加。

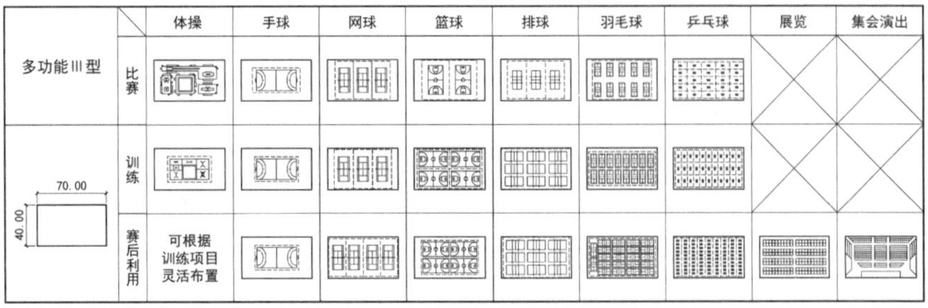

		体操	手球	网球	篮球	排球	羽毛球	乒乓球	展览	集会演出
多功能Ⅲ型	比赛									
70.00 40.00	训练									
	赛后利用	可根据训练项目灵活布置								

图 4-14　多功能Ⅲ场地功能转换布置示例

图 4-14 说明了多功能Ⅲ型场地的常见功能转换布置方式。

设计于 2002 年的华中科技大学体育馆就采用了这种场地选型，也使其成为武汉第一个满足国际体操比赛的场馆。而此后的北京奥运会摔跤馆、羽毛球馆等也采用了这种选型。

4.2.3　多功能体育馆比赛厅场地形状

1. 比赛厅平面形状

体育馆设计在选定场地规模后，一般从比赛厅平面形状入手，应综合考虑使用要求、比赛厅规模、视觉质量、空间效果、结构特点、投资规模等多种因素优选其形式。由于具体条件不同，如容纳赛事与训练的不同，比赛厅平面有多种形状，大致可分为矩形、梯形、菱形、多边形、圆形、椭圆形、U 形等。对于一般球类馆、田径及速滑馆、室内体育场、棒球馆，在选择比赛厅平面上又各自有侧重点。

一般球类馆的场地大多是矩形，座席的最佳视觉质量图形为椭圆形。结合不同的座席规模与屋盖结构，而产生了多种不同的平面形状（图 4-15a）。中小型体育馆场地不大，座席较少，各种座席布局形式对视觉质量影响都不大，其屋盖结构技术难度和投资变化也不明显，而环境和主观审美因素往往影响较大。故而中小型体育馆比赛厅平面形状多样，呈现出丰富多彩的局面。大型体育馆由于场地较大、座席多，其视觉质量条件和屋盖结构形式对比赛厅平面形状的制约性增强，以致成为万人以上体育馆比较普遍采用圆形和椭圆形的重要原因。

田径馆和速滑馆等由于场地大而长、观众席排数相对较少，场地在平面布局中占比大，以致许多场馆选用长椭圆形比赛厅平面（图 4-15b），如神户纪念体育馆、大阪城体育馆、黑龙江速滑馆、首都速滑馆、卡尔加里速滑馆等。天津体育馆、长春冰球馆皆为室内田径馆则采用圆形平面。

室内体育场和棒球馆属巨型体育馆，场地特大，观众席多数在 50000 人以上、比赛厅跨度在 180m 以上，其屋盖和看台结构上升到决定性因素，故而多数取矩形圆角平面（图 4-15c）。

上述一些实例反映出的一般规律是：体育馆比赛厅平面形状依功能、技术、环境、审美等情况的不同会有很多变化，影响因素的重要程度也会随着上述因素的不同情况产生差别。不过，尽管可以变化多端，但都必须尊重各种客观因素而不能凭主观好恶选择平面形式。

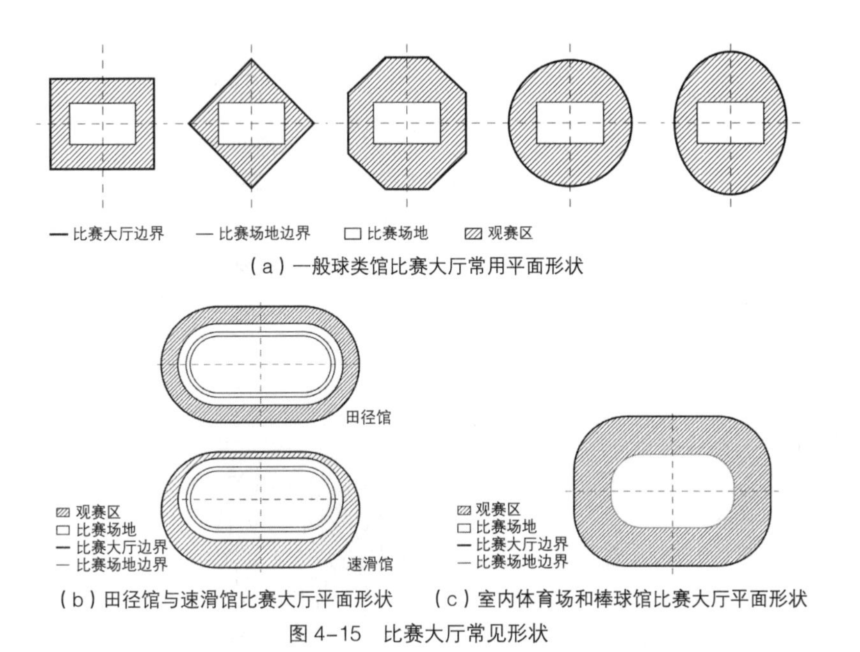

（a）一般球类馆比赛大厅常用平面形状

（b）田径馆与速滑馆比赛大厅平面形状　（c）室内体育场和棒球馆比赛大厅平面形状

图 4–15　比赛大厅常见形状

2. 活动场地形状

体育馆比赛厅场地形状的选择需要综合考虑运动竞技区域功能要求、体育馆屋盖形状以及座席布局形式等因素。实际工程案例中，常见的地形状有矩形、圆形以及椭圆形三种，此外还有一些异形场地出现（表 4–2）。其中，矩形场地应用较为广泛，可适用于多种类型的平面比赛厅，圆形场地多出现于圆形比赛厅，而椭圆形场地一般用于田径馆、自行车馆、室内田径场、冰球馆等。

对于球类场地来说，大部分竞技、训练及活动区域形状为矩形，棒球场地较为特殊，是 90° 的扇形。自行车、田径、速度滑冰的核心区域则呈长弧形。由此可见，常见的室内体育运动核心场地通常为矩形。当体育馆屋盖形态为矩形时，比赛厅的座席自然按照矩形布置，比赛厅形状、座席布局方式与运动场地边界三者不会发生冲突。但有时候体育馆的屋盖结构会采用圆形或椭圆形的形式，如果座席布局跟随结构形态，就会与运动竞技区域边界产生矛盾，形成相当一部分无效面积（图 4–16）。在此情况下，体育馆观众厅的设计需要综合考虑场地形状选择，尽量减小无效场地及面积浪费。接下来我们针对观众厅平面为圆形的情况进行设计条件的分类讨论。

圆形场地适用于场地面积较小，且长宽比小于 1.5 ： 1 时（一般为篮球场），选择圆形场地的优点是座席布置更为规则完整，看台结构简单，尤其是在比赛厅规模不大的情况下，圆形座席与比赛厅边界交接可以避免一些比较琐碎的交接。但是不足是仍然

常见观众厅场地形状　　表 4-2

比赛场地形状	图示	图例
矩形		观赛区 比赛场地 比赛大厅边界 比赛场地边界
圆形		
椭圆形		
异形		

会有相当一部分面积的浪费。在设计过程中的解决方法是，可以在比赛区域长边两侧布置一部分座席作为裁判席和运动员席。或者采取改进的方式，即在长边两侧加设半环形看台，采取这种方式的体育馆案例有代代木体育馆篮球馆、美国伊利诺伊大学会堂等。但即使采取了这两种措施，仍然无法避免无效场地带来的面积损失。

矩形场地适用于场馆规模较大或比赛场地长宽比在 2 ∶ 1 以上的情况。大型体育场馆由于直径大，外墙弧线比较平缓，当座席沿内侧矩形场地布置时，与外墙交接处比较容易处理。而比赛场地长宽比较大的情况下，采用矩形场地可以极大地避免场地浪费。即使在扇形区域增加一些座席，但由于受到视线限制，增加量有限，无法弥补巨大的座席损失。因此，在这种情况下，应尽量选择矩形或者椭圆形的场地，较为经济合理。

椭圆形场地，一般适用于冰球馆。冰球场四角是 7~8.5m 半径的曲线，场地本身接近椭圆形。此外，一般球类馆在圆形比赛厅的情况下较少选用椭圆形场地，案例有罗马小体育宫。椭圆形场地与圆形大厅的矛盾会比矩形场地小很多，无效场地面积则在圆形和矩形场地之间。

除了圆形观众厅面临的场地选择问题外，在设计中还会遇到椭圆形比赛厅以及异形比赛厅的问题。对于椭圆形比赛厅来说，矩形场地无论平行或垂直布置，矛盾都比较小，基本不存在面积浪费问题。而椭圆形场地则多用于有田径和自行车道的冰球馆、速滑馆以及田径馆等，场地选取椭圆形满足使用需求，比赛厅通常采取椭圆形也考虑到了座席布局的合理、空间的节约以及屋盖结构选型等。内外形状一致，不存在面积浪费问题。

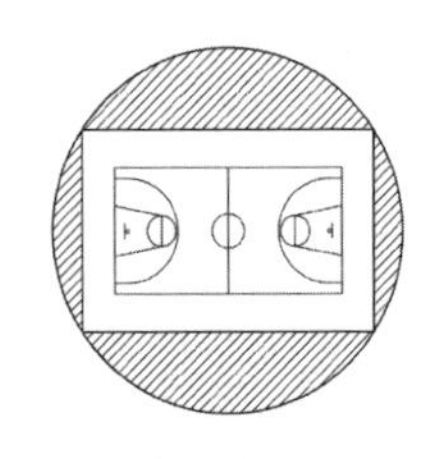

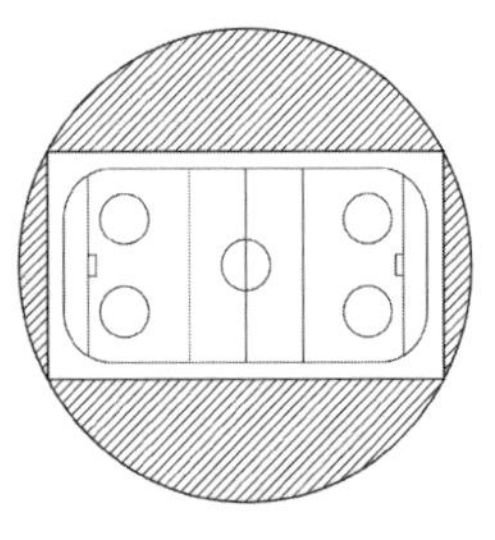

图 4-16　无效场地面积说明

4.3　视觉质量与座席布局

观众在看台座席上观赏体育比赛或其他活动时，良好的观赏效果必不可少。视觉质量评价是用于衡量观众观赏效果的基本标准。体育馆的看台座席设计，包括看台视线设计以及座席布局，必须满足视觉质量评价标准，以保证观众良好的观赏效果。

4.3.1　视觉质量

1. 视觉质量概述与基本要求

视觉质量评价是衡量观众观赏效果的基本标准，在一定程度上制约着体育馆的座席设计。视觉质量评价基于观众对观赏效果的四项要求：通视、明视、真实、舒适。通视就是“能看得见”，指观看视线无遮挡，可以看见观赏对象。明视就是“看得清楚”，指看得清观赏对象，应将其控制在合理的视距范围内。真实指的是“看得真实”，当视线同画面的成角过小时，会产生透视变形过大的情况。为了避免引起视觉失真，应控制视线与画面的成角。舒适指的是“看得舒服”，为了保证观赏的舒适度，观赏范围以不小于人眼中心视野和不超出人眼周边视野为宜。其中，通视和明视是基本要求，看台中的所有的座席必须满足通视和明视的要求，而真实与舒适则是进一步的要求，看台中不同位置的座席在不同程度上满足真实性与舒适性要求。

2. 视觉质量的影响要素

视觉质量的评价指标主要基于与观众视线相关的一系列参数，包括：视线升高差、视距、方位角、高度角（俯视角）、视野角（图 4–17）。而观赏效果的四项要求则与这些参数彼此相关（图 4–18）。体育馆看台座席的设计必须要满足与视线参数相关的一系列指标，以保证观赏效果。

通视是视觉质量评价的基本要求，所有座席都需满足通视的要求。主要通过在看台视线设计中设置合理的视线身高差以保证视线无阻挡。

明视是视觉质量评价的另一项基本要求，明视主要与视距相关。视距指的是观众眼位到观赏对象之间的直线距离（图 4–17）。在计算视距时，通常考虑最大视距，即采用场地内距离观众最远点作为参考点来计算视距。在相同视觉环境条件下，视距的远近决定观赏的清晰度。对于视距的评价必须同各个活动项目的观赏特点相联系

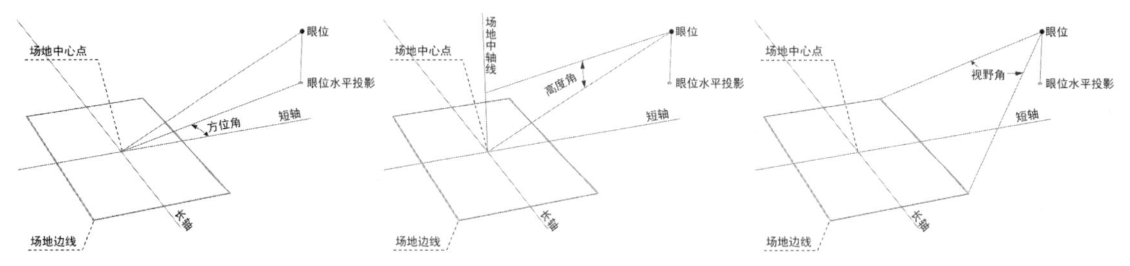

图 4-17　方位角、高度角及视野角示意图

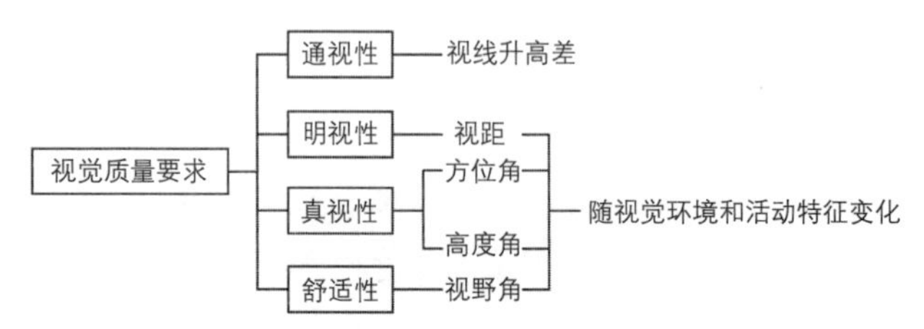

图 4-18　视觉质量要求与各几何参数关系

（表 4-3）。在设计体育馆看台时，必须通过合理的座席布局以保证各座席对于各类活动项目的视距处于合理的范围。

观赏的真实性是对座席观赏效果的进一步要求，它与视线的方位角和高度角（俯视角）有关。视线的方位角是观赏者视线与最佳视线方位之间的夹角。对于大多数对抗性的有攻防转换的球类比赛，如篮球、手球、冰球等，最佳的视觉方位总是垂直于运动的主导方向（攻防转换方向），因此方位角常以视线（通常以比赛场地中心点作为参考点）在场地平面水平投影与场地短轴的夹角来计算（图 4-17）。在一般情况下，视线方位角越小观赏效果越好，视线的方位角越大，即偏离最佳视线方位越大，对观赏真实性的影响也

各种比赛、表演项目的极限视距与清晰视距　　　表 4-3

项目名称	识别对象	识别对象尺寸（cm）	清晰视距（m）	极限视距（m）
篮球	手势（手宽）	12	103	413
足球	足球直径	22	189	756
排球	手势（手宽）	12	103	413
手球	手势（手宽）	12	103	413
羽毛球	羽毛球高	8.5	73	392
冰球	手势（手宽）	12	103	413
网球	网球	6.35	54.6	218.4
乒乓球	乒乓球	4.0	32.6	131
体操	手势（手宽）	12	103	413
歌舞	手指动作	1.5	12.9	51.6
文艺	眼部表情	1	8.6	34.4

越大。视线的高度角（俯视角）指的是观众视线（通常以比赛场地中心点为参考点）与视平线之间的夹角（图 4–17）。视线的高度角直接影响观赏的深度感与高度感，体育比赛观赏对观众座席的最大高度角都有一定要求，宜控制在 28°~30° 范围内。

舒适性是对座席观赏效果的进一步要求，与视野角相关。视野角是个空间角度，指的是观众眼位到观赏对象（体育比赛为比赛场地）两个最远点的两段直线段间的夹角（图 4–17）。根据人体实测结果，人的双眼中心视野角为 60°，周边视野角为 120°。当观赏者视距较近时，被观赏的对象往往超过正常视野之外，必须转动头部方能看到场地全部，在一定程度上影响观赏感受。

4.3.2 看台座席的视线设计

为了保证观赏的通视，观众座席的剖面需要通过视线设计来实现视线无遮挡并控制看台坡度。视线设计主要在确定一系列设计参数的基础上，使用一定的视线计算方法确定观众座席的剖面形式。这些设计参数包括：视点位置、视线升高差 C 值、首排观众席初始距离与高度、观众席行深。视线计算公式包括：逐排计算法、折线计算法、任意排计算法。

1. 视线设计参数

视点是指观众视线的焦点，离观众最近的视点为最不利点。视线设计应以最不利视点为依据且满足以下基本要求：应根据运动项目的不同特点，使观众看到比赛场地的全部或绝大部分，且看到运动员的全身或主要部分；对于综合性比赛场地，应以占用场地最大的项目为基础，也可以以主要项目的场地为基础，适当兼顾其他；当看台内缘边线（指首排观众席）与比赛场地边线及端线（指视点轨迹线）不平行（即距离不等）时，首排计算水平视距应取最小值或较小值。

对于不同体育项目的比赛场地，视点的选择不尽相同（表 4–4）。在针对篮球比赛的看台座席视线设计中，视点一般选在篮球场地边线上（图 4–19 左图）。当场地不是矩形时，首排座席距离篮球场地边线不相等，应比较不同的距离，选择最小者以确定视线设计的视点（图 4–19 右图）。当体育馆规模大，看台超过 20 排，可以适当放宽条件，将视点提高到边线（或端线、角点）上空 60cm，对减缓看台坡度、控制阶高有显著作用。在针对冰球比赛的看台座席视线设计中，视点选择需要考虑冰球场地四周高为 115~122cm 的界墙。因此冰球的视点选择需要兼顾两个视点以保证通视性要求，一个视点在界墙内 3.5m 的冰面上，另一视点在界墙顶部。

针对部分比赛项目的看台座席视线设计的视线选择　　表 4-4

项目	视点平面位置	视点高度	视线质量等级
篮球	边线、端线、角点	0	Ⅰ，Ⅱ
		0.6	Ⅲ
手球	边线、端线、角点	0	Ⅰ
		0.6	Ⅱ
		1.2	Ⅲ
冰球	兼顾两个视点： 距离界墙内 3.5m 的冰面； 界墙顶部（界墙高 1.15 ~ 1.2m）		Ⅰ，Ⅱ
游泳	最外泳道外侧边线	水面	Ⅰ，Ⅱ

视线质量等级：Ⅰ级为较高标准（优秀），Ⅱ级为一般标准（良好），Ⅲ级为较低标准（尚可）。视线质量等级的确定还需考虑视线升高差 C 值。

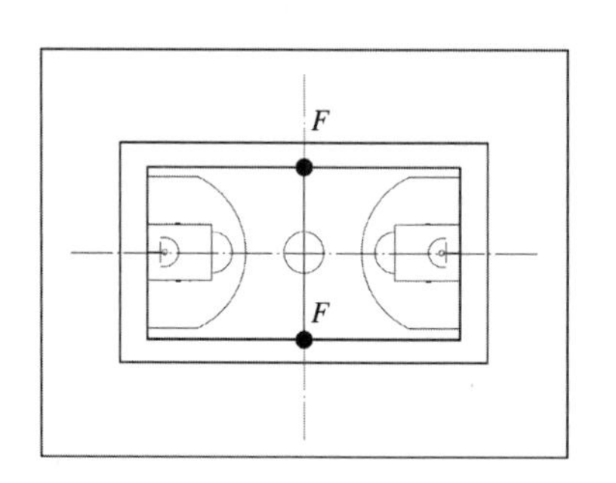

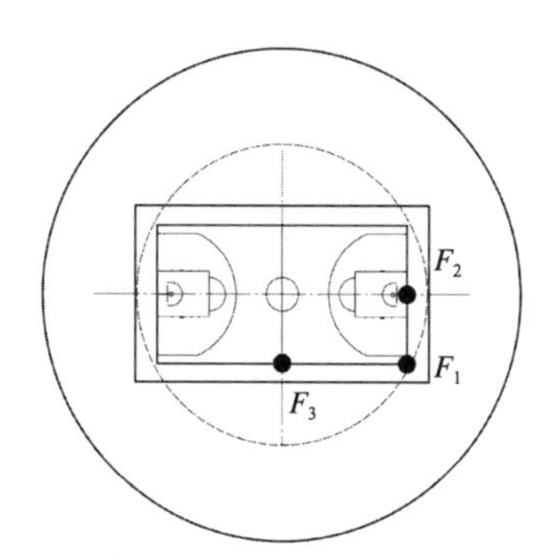

图 4-19　篮球场地视点选择

首排观众席初始距离为视线设计的最不利视点至首排观众眼位的水平距离。这段空间是运动缓冲带、运动员休息及活动看台展开所需要的空间，与运动项目具体的场地边界以及比赛厅赛地大小有关。初始距离值越大，看台起坡坡度越平缓。初始距离的大小直接影响比赛厅跨度的大小，对建筑空间容量和造价都有一定影响（图 4-20a、b）。

首排观众席高度指的是首排座席地面至活动场地地面的高度差。首排观众席高度与首排观众席初始距离共同决定了首排观众的眼位，也决定了首排观众的视线，从而为所有的后排座席设计提供了参考，也对看台坡度形态起决定性的影响（图 4-20c）。以往固定看台首排高度习惯取 0.8~1.0cm，可避免替补队员在场外行走遮挡观众视线及防止观众跳入场内。从有利于安排活动看台和解放席下无效空间考虑，固定看台首排观众席高度可提高到 1.8~2.0m。在某些体育馆设计中考虑到扩大场地空间，增加活动座席数量，固定座席的首排高度可做到 3~6m。

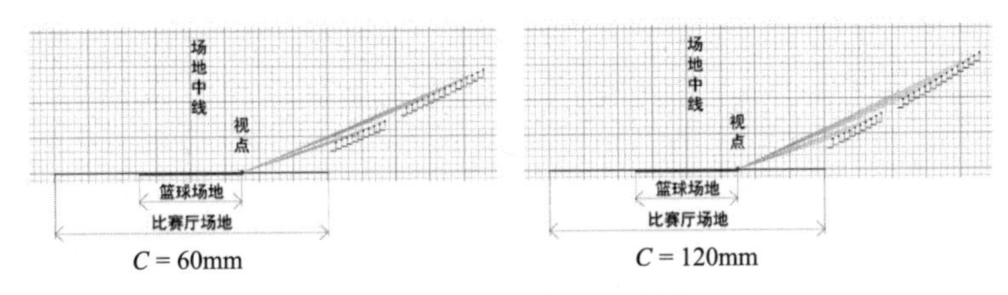

（a）不同视线差 C 对看台形态的影响

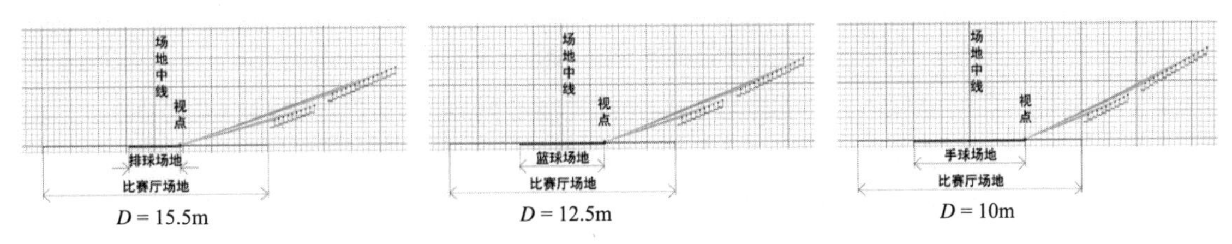

（b）不同的首排座席到视点的水平距离 D 对看台形态的影响

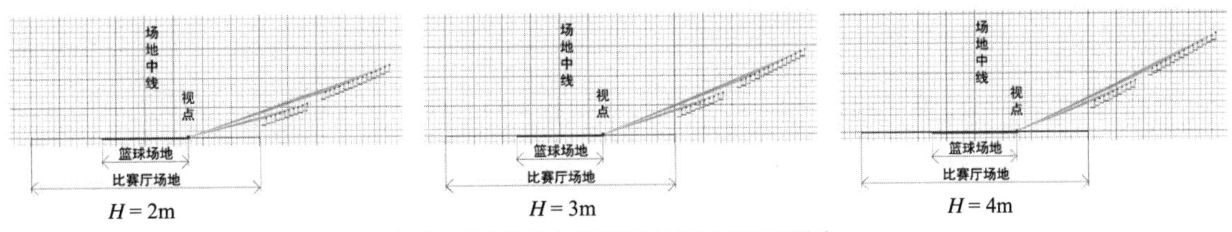

（c）不同的首排座席高度 H 对看台形态的影响

图 4-20　不同视线升高差 C 值、首排观众席初始距离以及首排观众席高度对座席看台坡度的影响

观众席排距包括座面深度与前后座席间净宽。座面深度通常在 35~40cm，前后座席间净宽座面深度一般在 35~40cm，观众席排距一般可定为 80~85cm。随着使用要求的提高，出现了加大排深的趋势。首排座席前常设有栏板墙，伸腿受限制，排深一般加宽至 100cm。

2. 视线计算法

剖面视线可用数解法计算或作图法直接绘制。计算方法则有多种，不过基本原理相同，以相似三角形关系为基础，推导过程有所不同而形成不同的计算公式。常用的数解法有逐排计算法、折线计算法和任意排计算法。

逐排计算法所得视线为曲线，各排 C 值相等，相邻排阶高度，每计算一排的升高值需要依据前一排的计算结果。在计算机绘图中，通常采用绘图的方式不经过计算而直接作图得到每排的高度。在参数设计中，还可根据计算公式，通过计算机程序的循环语句迭代得到每一排的高度。

逐排计算法的公式为：

$$h_n = Y_n + h_0 - 1.15$$
$$Y_n = (Z_{n-1} + C)\frac{X_n}{X_{n-1}}$$

其中，h_n 为所求座席的看台台阶距离地面的高度，h_0 为视点高度（见表 4–4），1.15 为我国人体坐姿眼位高度（单位为“m”），Y_n 为第 n 排观众眼位高度（距 h_0），Y_{n-1} 为第 n–1 排观众眼位高度（距 h_0），X_n 为第 n 排座席到视点的水平距离，X_{n-1} 为第 n–1 排座席到视点的水平距离，C 为视线升高差。

但由于逐排计算法所得每排座席升起的递增不大，一般在 0.5~2cm 之间，这种微小差别不便于钢筋混凝土看台的施工。而折线计算法则可解决这一问题。折线计算法一般取 4~6 排为一组，每组采用相同的平均升高。虽然各排视线升高差 C 值不等，但对视质影响不大。折线计算法公式为：

$$h_n = Y_n + h_0 - 1.15$$
$$Y_n = (Y_{n-1} + K_{n-1}C)\frac{X_n}{X_{n-1}}$$

其中，h_n 为所求座席的看台高度，h_0 为视点高度（表 4–4），1.15 为我国人体坐姿眼位高度（单位为 m），Y_n 为第 n 组座席中最后一排看台的观众眼位高度（距 h_0），Y_{n-1} 为第 n–1 组座席中最后一排座席的观众眼位高度（距 h_0），X_n 为第 n 组座席中最后一排座席的观众眼位到视点的水平距离，X_{n-1} 为第 n–1 组座席中最后一排座席的观众眼位到视点的水平距离，K_{n-1} 为每组座席包含的排数，C 为视线升高差。通过以上公式可以确定每一组座席最后一排的高度，而对于组内其他排座席的看台高度则根据前一组座席最后一排看台高度以及本组座席最后一排看台高度，采用平均分配高度差的方式确定。

此外还有任意排计算法。该方法从相似三角形关系推导级数，并简化成含对数的计算公式。该公式的最大优点在于可直接计算任一排高度，省却逐排计算的麻烦，对方案设计比较适用，也可用在技术设计阶段，精确度较高，误差在 5‰以内。任意排计算法的公式为：

$$h_n = Y_n + h_0 - 1.15$$
$$Y_n = X_n[\tan\alpha - 2.3026\frac{C}{d}\log\left(\frac{X_n - 0.5d}{X_1 - 0.5d}\right)]$$

其中，h_n 为所求座席的看台高度，h_0 为视点高度（表 4–4），1.15 为我国人体坐姿眼位高度（单位为“m”），Y_n 为第 n 排座席的观众眼位高度（距 h_0），α 为第一排观众视线（观众眼位与视点的连线）与水平面的夹角，X_1 为第 1 排座席的观众眼位到视点的水平距离，X_n 为第 n 排座席的观众眼位到视点的水平距离，C 为视线升高差，d 为排距。

需要注意的是，以上三种方法及其计算公式都仅针对剖面上连续的看台，当看台分段时，需要根据所在段看台的首排高度与水平距离计算后续座席的看台高度。

4.3.3　比赛厅座席布局

比赛厅内座席可分为固定座席、活动座席、临时座席。

1. 固定座席

固定座席为体育馆内与看台一体化布置的固定设施。固定座席环绕着活动场地，其布局决定了屋盖及其结构的跨度（大跨度结构的竖向支撑一般沿着固定座席外边界布置）。固定座席的设计以保证观众观赛观演视线不受遮挡并能清晰地看到观察对象为原则，同时要考虑观众出入场流线以及紧急事件的安全疏散问题。固定座席布局设计应根据一定视觉质量评价标准确定。由于体育观赏可以多向而文艺观赏为单向，中小型体育馆或较多服务于文艺演出的大型体育馆，可以采取不对称布局，具体可分为沿场地长轴和短轴的不对称布局（图 4-21）。固定座席的不对称布局有利于多争取一些文艺观赏席位，而观赏体育比赛虽然有一侧或一端席位偏多，但增加平均视距有限，其视觉质量仍在较好范围之内。

圆形布局座席
沿场地对称布置

矩形布局座席
沿场地对称布置

圆形布局座席
沿场地短轴不对称布置

圆形布局座席
沿场地长轴不对称布置

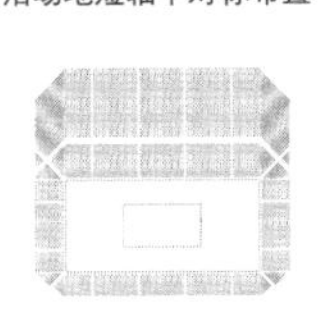
矩形布局座席
沿场地短轴不对称布置

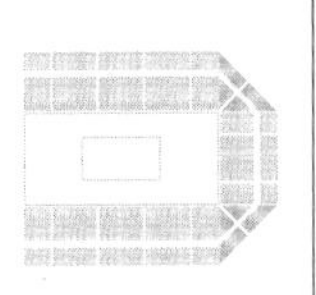
矩形布局座席
沿场地长轴不对称布置

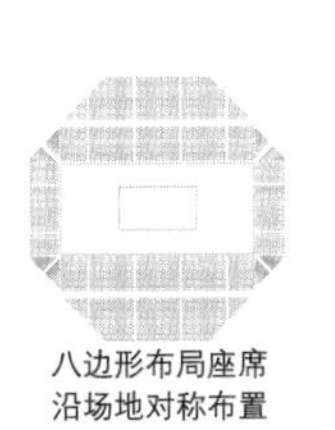
八边形布局座席
沿场地对称布置

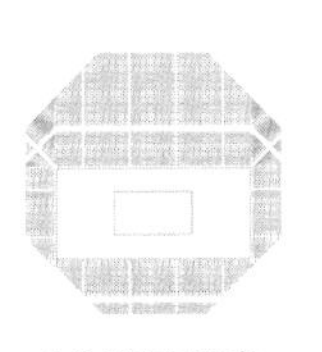
八边形布局座席
沿场地短轴不对称布置

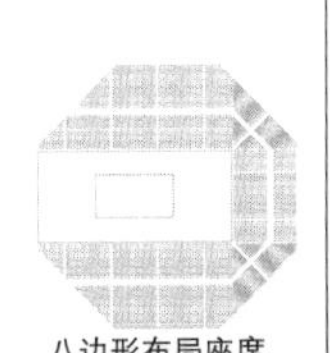
八边形布局座席
沿场地长轴不对称布置

（a）平面示意图

圆形布局座席
沿场地对称布置

圆形布局座席
沿场地短轴不对称布置

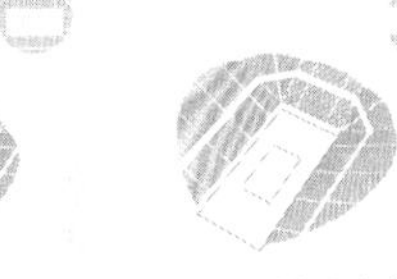
圆形布局座席
沿场地长轴不对称布置

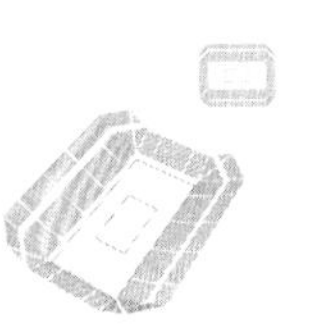
矩形布局座席
沿场地对称布置

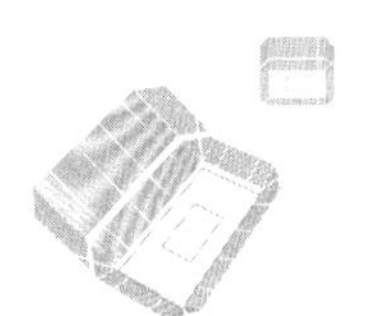
矩形布局座席
沿场地短轴不对称布置

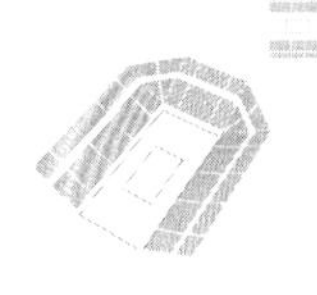
矩形布局座席
沿场地长轴不对称布置

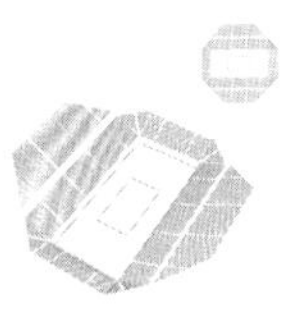
八边形布局座席
沿场地对称布置

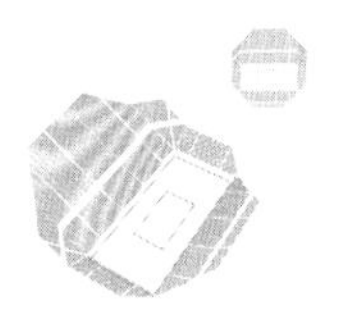
八边形布局座席
沿场地短轴不对称布置

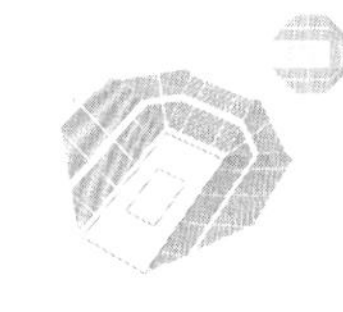
八边形布局座席
沿场地长轴不对称布置

（b）轴测示意图

图 4-21　对称座席与非对称座席

2. 活动座席

活动座席是具有特殊构造可将座椅收纳和移动的座席。活动座席通常位于场地内，固定看台首排座席与比赛场地之间，可沿场地两侧布置、四周布置、一侧布置或两端布置（图 4–22）。活动看台为便于制作，一般取相同阶高沿一条斜线升起，其视线升高差 C 值不等，但由于活动看台设于观众席前部，对视觉质量影响不明显而被接受。活动座席的最后一排通常与固定看台的首排连接，以方便观众的通行。

活动座席形式有拆分组合式、推拉折叠式、整体移动式、垂直升降式等（表 4–5）。其中拆分组合式和推拉折叠式的活动座席，由于生产难度和安全隐患，其单元排数和座席数不能超过一定范围（图 4–23）。垂直升降式和整体移动式活动看台的相关技术尚未成熟，且这类看台对于土建和场地设计有特殊要求。

活动座席在体育场馆总座席数中的比重成为评判场馆灵活性的重要指标之一。由于固定看台在非赛事的日常使用中使用率较低，导致空间的浪费。而减少固定座席增加活动座席的做法，不但可有效避免这一问题，而且有利于实现场地的多功能转换（图 4–22）。

英国伯明翰体育馆是一座可以用于室内田径比赛的大型场馆。这里每年举办的全英羽毛球公开赛是一项享誉全球的重要赛事。羽毛球球场小，预赛阶段要求场地多，达到 6 块比赛场地，观众却比较少。到了决赛阶段，场地要求越来越少，最后只需要 1 个比赛场地和 1 处颁奖区域。而同时，观众越来越多。为了灵活调节空间，该馆大量使用活动座席，包括折叠拉伸和整体移动两种座席，同时用屋顶悬挂活动幕帘的方式根据赛程，围合出不同状态，不同规模的比赛观赏空间，这样的灵活变化状态贯穿全英赛的始终。

各类活动座席比较　　表 4–5

类型	技术要点	土建和场地要求	应用
拆分组合式	将临时看台拆分为若干组，按单元移动至指定位置	需要一定的储存空间，地面设计要满足看台移动和站立的硬度需求	具有灵活性，适合兼顾文艺演出、集会会议功能的场馆使用
推拉折叠式	又称“壁纳式”活动看台，利用排间高差将看台折叠，一般是向后收回	收起后宽度约 1 米，可利用二层看台挑梁下空间给予隐藏	技术成熟，广泛应用于大中型体育场馆，可满足不同体育运动之间的转换
整体移动式	结合拆分组合式和推拉折叠式的特点，可以将看台整体移动	对转换场地空间要求大，对土建要求较高	实现转换的时间较长，适合大型体育场馆，在国外应用较多
垂直升降式	通过升降、悬吊和翻转的方式实现转换	对土建要求高	技术相对不成熟，国内外均较少使用

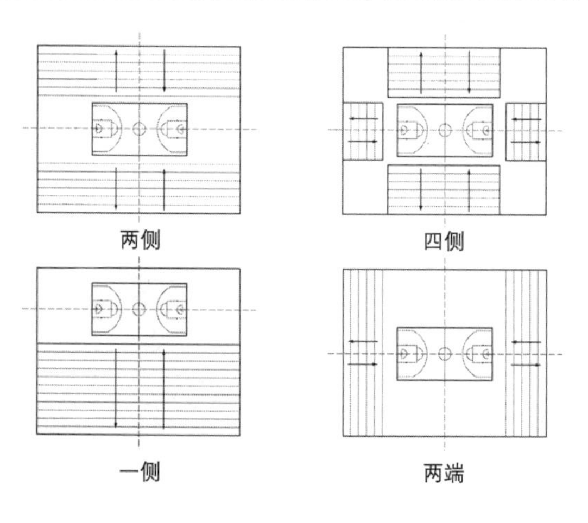

图 4–22　活动看台布置方式

图 4-23　活动座席照片

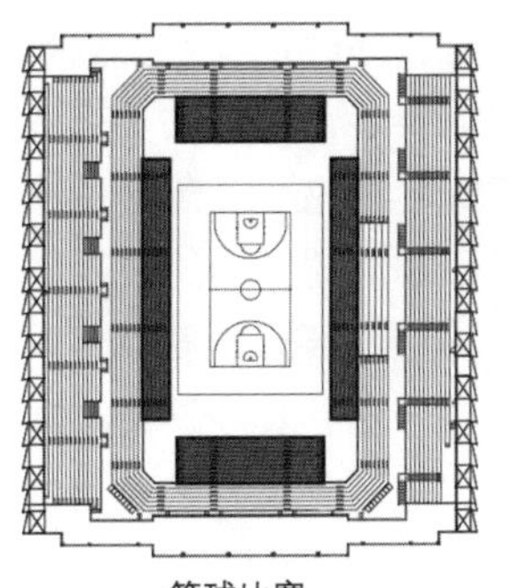
篮球比赛：
活动看台全部拉出

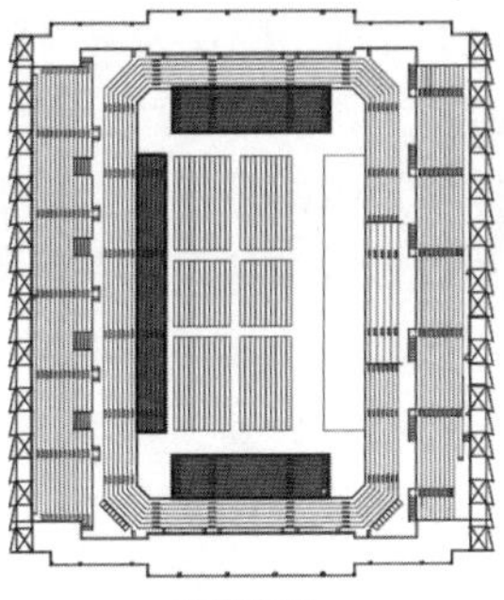
文艺演出：
活动看台部分收起

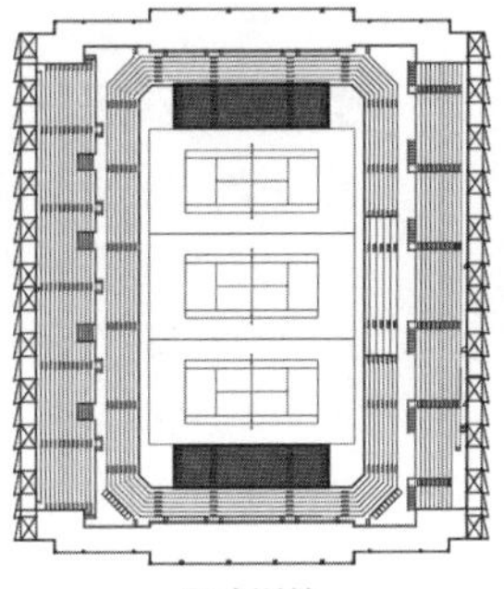
网球训练：
活动看台部分收起

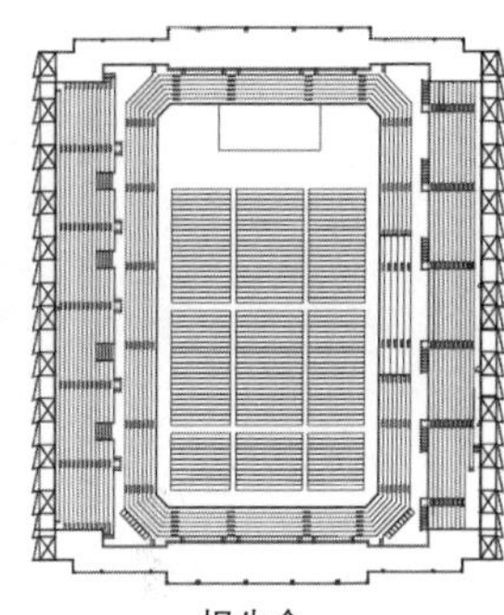
报告会：
活动看台全部收起

图 4-24　体育馆活动看台使用模式示例

3. 临时座席

临时座席可分为两种，一种位于场地内部，主要为活动座椅，与活动座席配合在非体育类型的观演活动中填充场地空白区域。在文艺演出和大型集会等活动中，舞台或主席台空间远小于运动场地，而此时运动场地区域则具有观看舞台或者主席台的最佳视角（图 4-24，左二与右一）。对于这类临时座席布置，采用轻型、便于搬动的桌椅根据需要进行摆设即可，但在方案平面设计时，需要预留用于储存这些桌椅的配套库房。活动座椅布置比较灵活方便，但应满足通视要求。文艺演出和大型集会等活动中，对视线要求不高的情况下，可在同一水平面上布置几十米深的活动座椅。

另一种临时座席，一般位于固定座席外围临时搭建的看台上，主要为应对大型赛事。由于赛时和赛后座席数量需求存在巨大差异，在赛时组装临时结构在固定座席的外围搭建临时看台形成临时座席，利用大跨度屋顶与固定座席之间的空隙让临时座席的观众观赏比赛。需要注意的是，这种在固定看台外侧搭建的临时座席与固定座席一样需要进行视线设计，以满足视觉质量要求从而保证观众观赏效果。

2000 年悉尼奥运会的国际水上运动中心设计，即以赛后功能为主，在单侧设置了大规模的临时看台，这些看台在赛后拆除，并使得整个场馆的体量大幅缩小。伦敦游泳中心为满足 2012 年伦敦夏季奥运会游泳和跳水比赛的观众人数要求，在体育馆两侧 2500 个固定座席的后方分别搭建了临时看台提供了 1.5 万个临时座席。这些临时座席在赛后拆除，保留 2500 个固定座席满足日常运营需求，这一做法也极大地缩小了场馆体量。

4.4　多功能体育馆辅助用房设计

体育馆辅助用房是指体育馆内除比赛厅以外，辅助体育馆进行体育比赛及日常运营的用房。体育馆辅助用房一般包括观众服务用房、贵宾用房、运动员用房、新闻媒体用房、赛事管理用房、技术设备用房以及场馆运营用房等。

1. 练习馆

练习馆是一项重要辅助用房，是赛前热身、平时训练及群众锻炼不可缺少的活动空间（图 4-25）。从使用需要看，应提供 2 个以上的篮排球场及身体素质锻炼场所。体育馆练习馆与比赛厅之间应联系方便，并便于独立开放。练习馆的规格和功能应结合比赛及训练项目的要求确定，以满足比赛热身和平时训练的要求。更衣、淋浴、存衣等服务设施可独立设置，也可与比赛厅合并集中设置。体育馆练习馆与比赛厅之间可采用复合式、独立式、分离式或综合式布置。

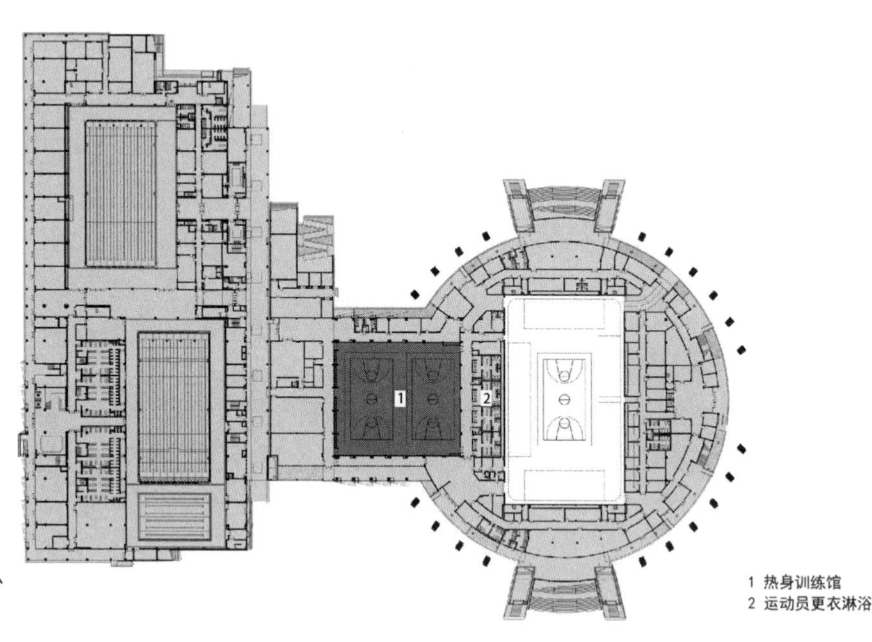

图 4-25　淮安体育中心练习馆设计

2. 观众服务用房

体育馆应在靠近观众座席的活动区域内设置必要的服务设施，具体设施服务包括：观众休息厅、卫生设施、商业餐饮设施、观众医疗设施、通信设施、金融服务设施及其他服务设施（图 4-26）。

根据各类人员要求不同，建立独立的公共出入口和通道系统，在管理控制公共进出口时，可建立可调整的人员分流机制，便于增强管理的灵活性。观众服务用房中的餐饮设施部分平时应能够直接对外服务，其布局既应便于观众使用，也应能被社会所发现和光顾。当前，体育馆增设娱乐设施已成为一种趋势，既是适应群众文体生活需要，也是提高体育馆吸引力和综合效益的有力举措，其布局应兼顾内外需要。

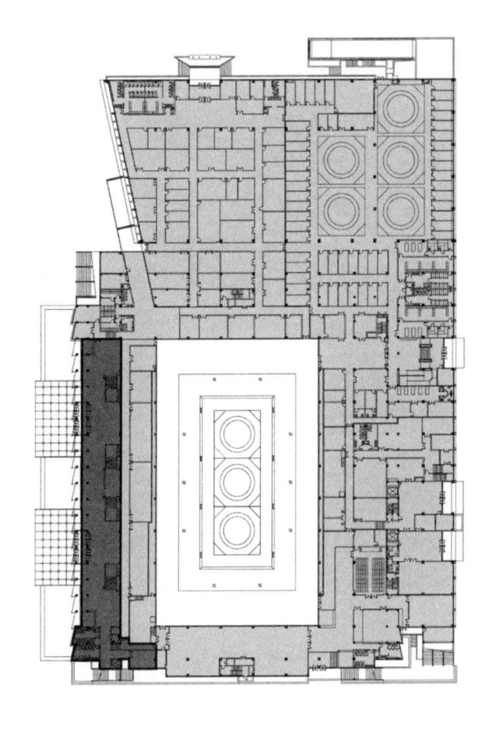

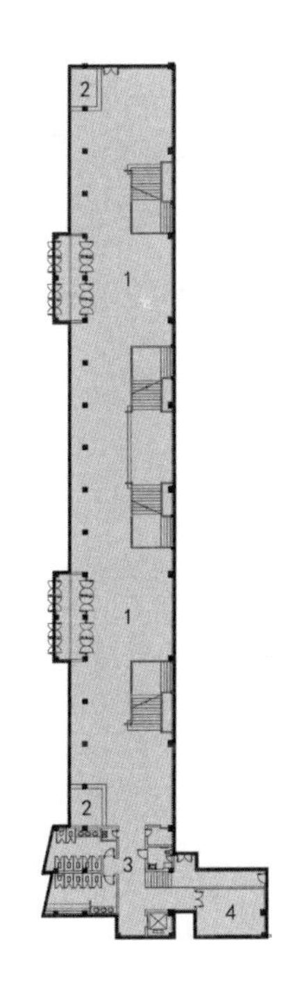

1 观众入口门厅
2 物品存放
3 卫生间
4 医务室

图 4-26　北京奥运会摔跤馆观众服务用房设计

3. 运动员用房

运动员用房包括运动员休息室、兴奋剂检测室、医务急救室和检录处等，除比赛时运动员使用外，平时应具有一般使用者利用的可能性（图 4-27）。综合性多功能体育馆运动员休息室的规模，应以使用率较高的运动项目比赛为主要对象进行设计，其他项目比赛时共用休息室或临时设置。

运动员休息室等应按使用需要设置，大中型馆最少设置 4 套，供男女各两队同时使用。有些大型馆以及乒乓球、速滑、花样滑冰等则应设置更多的运动员休息室。这些休息室应紧靠运动员入场口附近，并应为演员化妆、群众锻炼更衣提供方便。

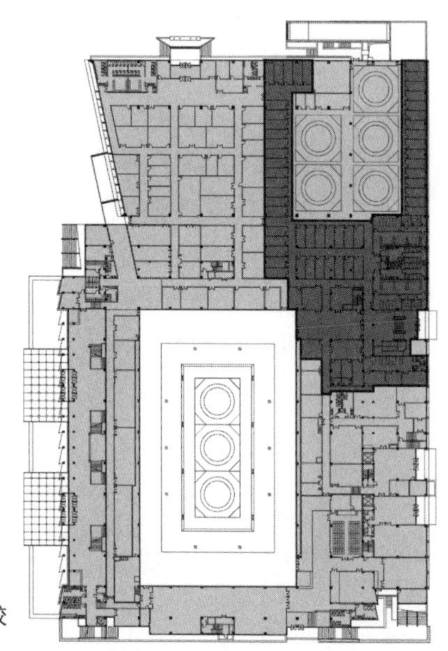

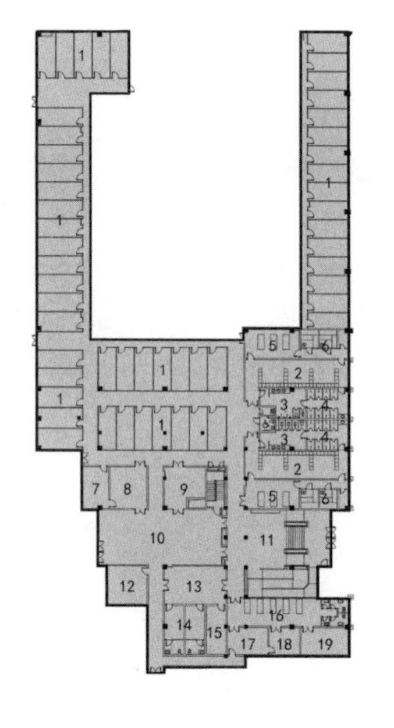

1 运动员休息室
2 运动员更衣室
3 卫生间
4 淋浴间
5 按摩室
6 桑拿室
7 办公室
8 登记室
9 等候室
10 检录通道
11 运动员入口
12 官员办公室
13 候检室
14 尿检室
15 血检室
16 接待观察
17 抢救室
18 治疗室
19 理疗室

图 4-27 北京奥运会摔跤馆运动员用房设计

4. 贵宾用房

贵宾用房包括贵宾休息室及服务设施（图 4-28）。贵宾用房应与一般观众、运动员、记者和工作人员用房等严格分开，宜设单独出入口，同时保持方便联系。贵宾休息厅的面积指标可控制在每位贵宾 0.5~1.0m^2。卫生间等附属用房应独立设置。

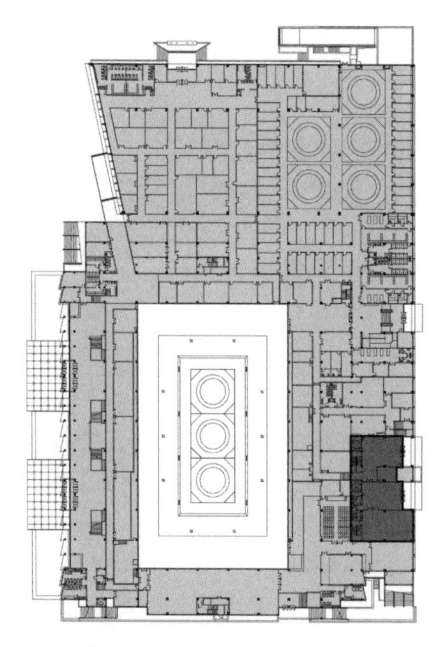

1 贵宾入口大厅
2 检查室接待入口
3 赞助商入口大厅
4 卫生间
5 清洁间
6 赞助商休息厅

图 4-28 北京奥运会摔跤馆贵宾用房设计

5. 赛事管理用房

赛事管理用房应包括组委会、管理人员办公、会议、仲裁录放、编辑打字、数据处理、竞赛指挥、裁判员休息室、颁奖准备室和赛后控制中心等（图 4–29）。赛事管理各类用房应在满足体育工艺的基础上，兼顾赛时、赛后功能需求及转换。

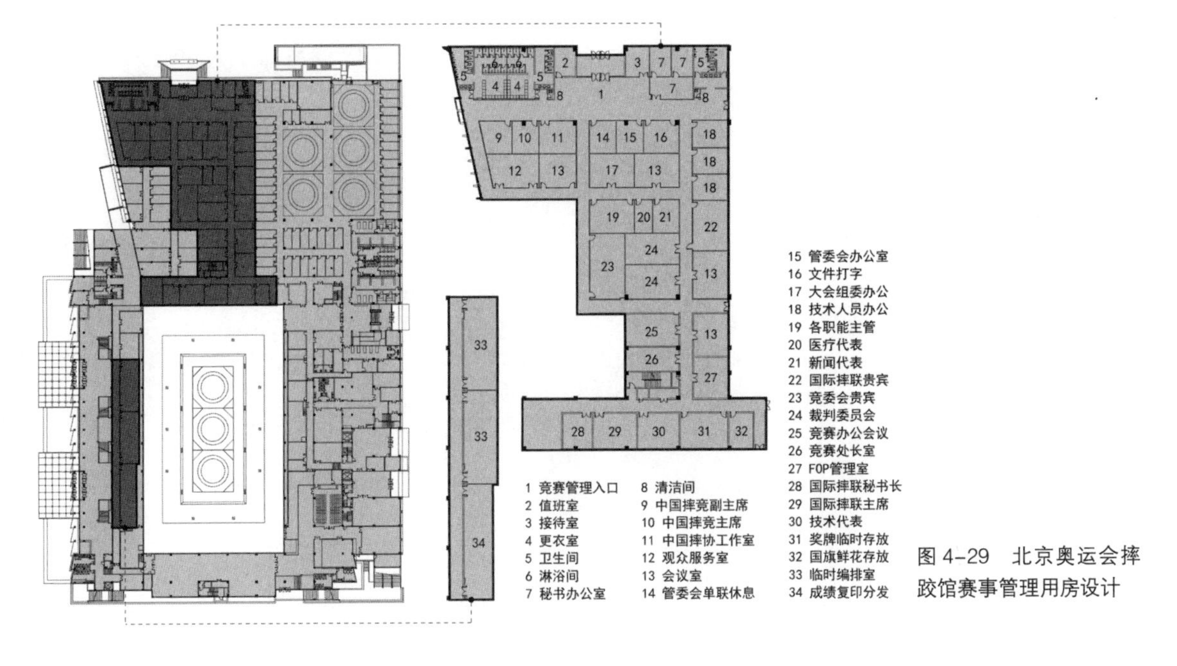

图 4–29　北京奥运会摔跤馆赛事管理用房设计

6. 新闻媒体用房

新闻媒体与广播电视用房包括媒体看台与媒体工作区（图 4–30）。媒体看台应直接与媒体工作区（媒体工作室、新闻发布室、采访室以及混合区）相连。应考虑摄影记者进入各个摄影位置的路线，尽可能减少其交叉通过场地。

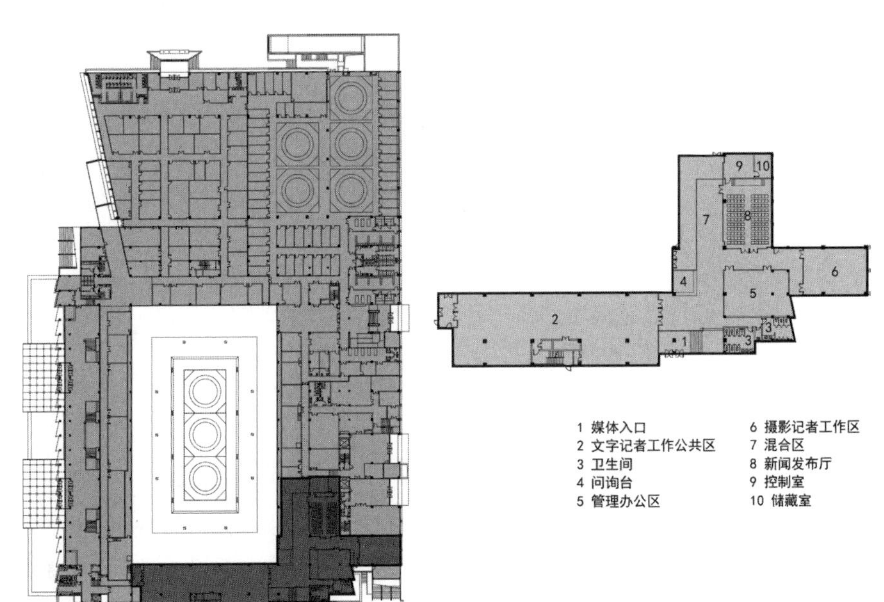

图 4–30　北京奥运会摔跤馆新闻媒体用房设计

7. 技术设备用房

技术设备用房包括灯光控制室、消防控制室、器材库、变配电室和其他机房等（图 4–31）。其中应注意器材库和比赛、练习场地联系方便，器材应能水平或垂直运输，应具有较好的通风条件。灯光控制室应能看到主席台、比赛场地和比赛场地上空的全部灯光。

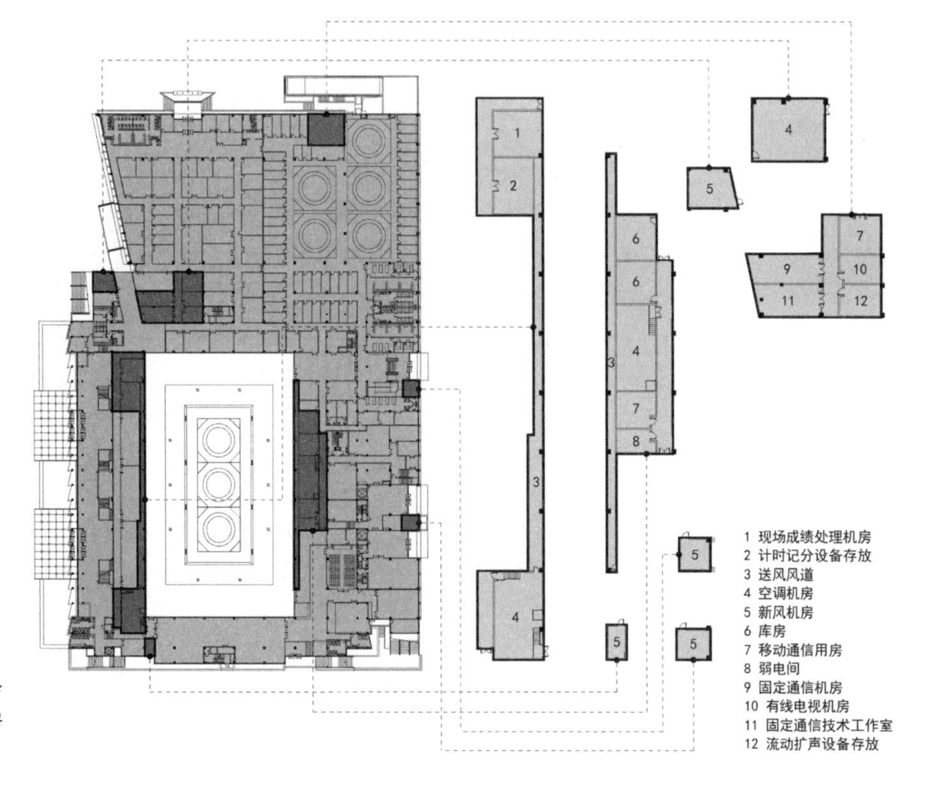

图 4–31　北京奥运会摔跤馆设备技术用房设计

8. 场馆运营用房

场馆运营用房包含了管理用房、安保监控、网络机房等（图 4–32）。场馆运营用房可以设置在场馆内部，也可以与场馆分开设置或毗邻连接，但一般宜设置单独的出入口。

9. 各类辅助用房赛后转换

针对体育馆的各类辅助用房，赛时与赛后的要求不尽相同。运动员用房、贵宾用房、赛事管理用房、新闻媒体用房等赛时需要的用房，在赛后可按照具体需要而改造转换为其他功能用房（图 4–33）。

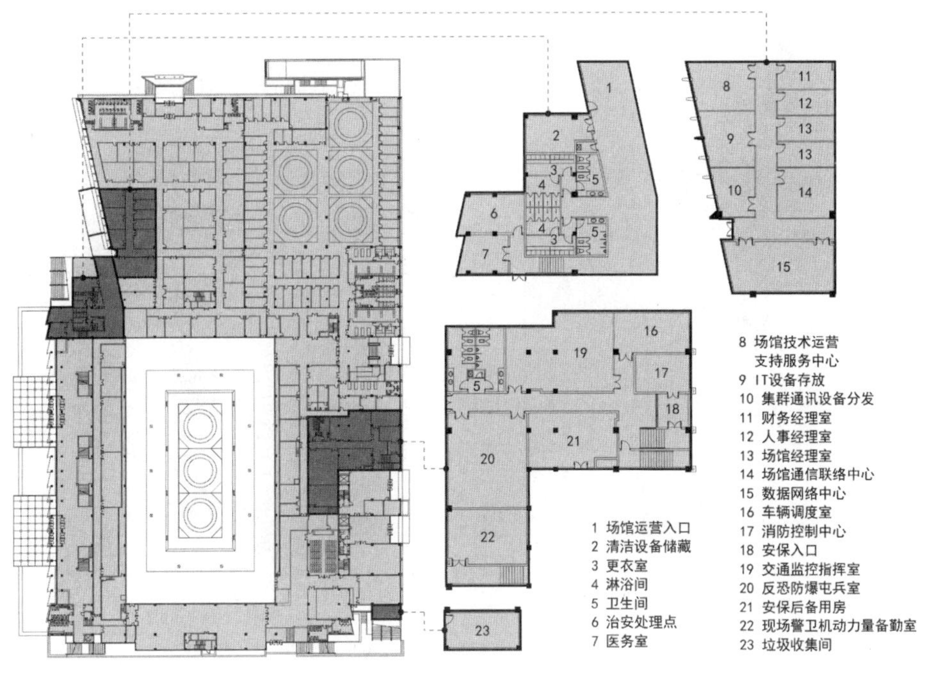

图 4-32　北京奥运会摔跤馆场馆运营用房设计

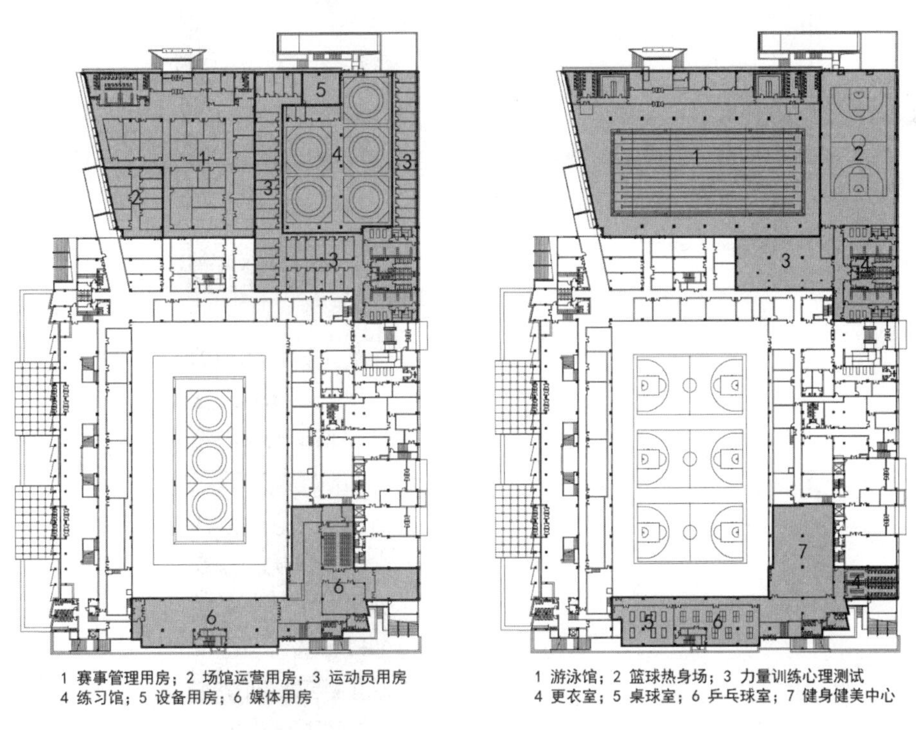

赛时一层平面图　　赛后一层平面图

图 4-33　北京奥运会摔跤馆辅助用房赛后转换利用

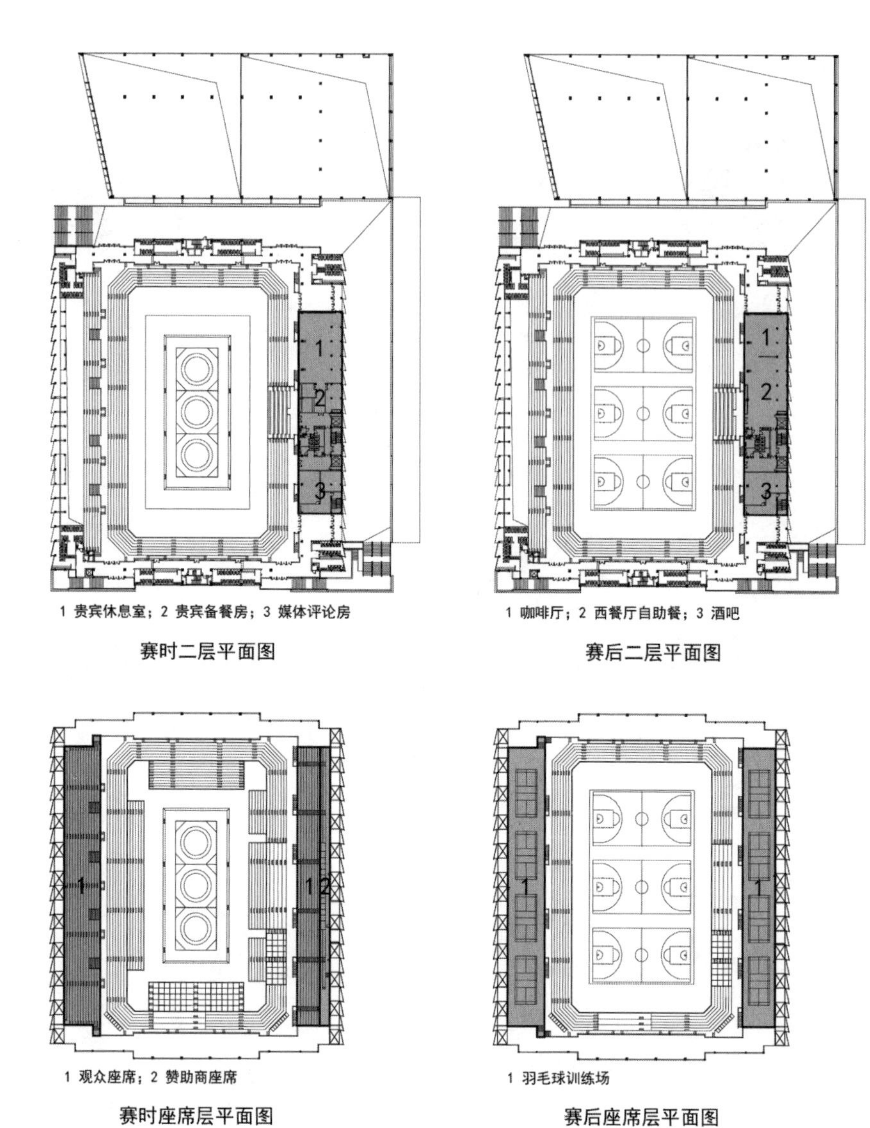

1 贵宾休息室；2 贵宾备餐房；3 媒体评论房

赛时二层平面图

1 咖啡厅；2 西餐厅自助餐；3 酒吧

赛后二层平面图

1 观众座席；2 赞助商座席

赛时座席层平面图

1 羽毛球训练场

赛后座席层平面图

图 4–33　北京奥运会摔跤馆辅助用房赛后转换利用（续）

第 5 章　大跨度屋盖形体设计与结构选型

5.1　体育馆大跨度屋盖形体设计与结构选型的要点

大跨度屋盖是体育馆建筑的重要组成部分，主要覆盖活动场地与观众席。屋盖作为体育馆的比赛大厅的外部界面，其几何形体不但需要满足一定的功能要求，而且对于室内空间形态以及建筑整体形态的塑造都起决定性作用。因此大跨度屋盖的几何形体设计，需要综合考虑功能要求以及室内空间与建筑整体形态。此外，体育馆屋盖由相应的大跨度结构支撑，需要根据具体的几何形体以及跨度大小，综合考虑各种结构材料以及类型的特点以选择适用的结构类型。

具体来说，体育馆大跨度屋盖的形体设计与结构选型要注意以下几点：

1. 体育馆屋盖形体的设计应考虑比赛场地与观众席区域的净空高度要求，保证屋盖结构以及相应的悬挂设施设备不侵入净空，不遮挡观众视线；

2. 体育馆屋盖形体的设计应考虑控制室内空间体积，过大的室内体积会对建筑声学以及空调通风的节能等方面带来一定的负面影响；

3. 体育馆屋盖的形体设计要考虑体育馆作为重要公共建筑的整体形象要求；

4. 体育馆屋盖的结构选型应依据屋盖形体的特点，充分考虑各类结构的特性，从外部造型、室内空间效果、结构性能、经济、施工难度等方面进行综合比选。

5.2 大跨度屋盖的几何形体设计

大跨度屋盖作为比赛厅的上部边界，需要覆盖比赛场地与观众座席，因此屋盖的几何形体应满足一系列要求以保证内部空间的正常使用（图 5–1）。在设计大跨度屋盖几何形体的过程中，一方面需要确保屋盖结构及其附属顶棚与悬挂设备等不侵入活动场地且不遮挡观众视线，另一方面要确保大跨度屋盖的竖向支撑不遮挡观众视线（因此结构竖向支撑一般沿观众席外边界布置）。在满足这些要求的基础上，屋盖几何形体的设计还须适当考虑比赛厅内的空间容积与空间形态，以满足热舒适、各种使用条件下的声学质量、自然采光与通风等各方面的要求。

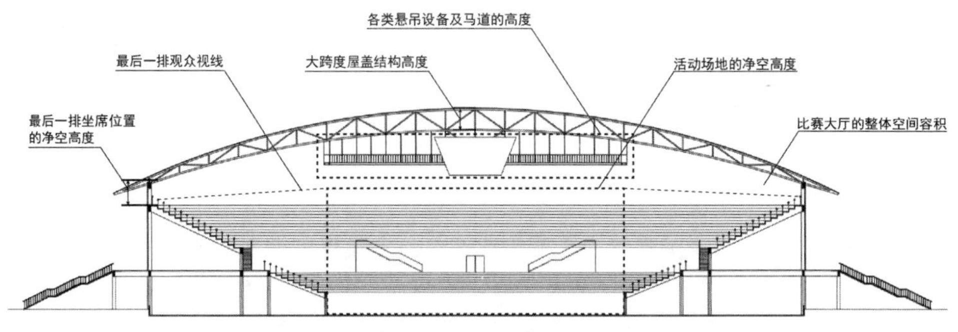

图 5–1　大跨度屋盖设计需要满足的各类空间要求

5.2.1 几何形体的整体生成

几何形体的整体生成是指采用某种几何学方法一次性形成完整的屋盖几何形体。这些几何学方法主要有母线—准线平移法、母线旋转法、放样法等。在母线—准线平移法中，母线与准线为两条相互垂直的曲线或直线，通过沿准线平移母线而得到相应的平面或曲面。根据母线和准线的不同特性（曲线或直线、上凸或下凹或平直），通过排列组合可以利用平移法生成不同类型的平面或曲面（图 5–2a）。在母线旋转法中，通过绕给定的轴线旋转母线，可得到相应的平面或曲面（图 5–2b）。

在放样法中，通过给定的若干断面曲线并确定断面曲线间的变化关系（曲线或直线），可得到各类平面或曲面（图 5–2c）。

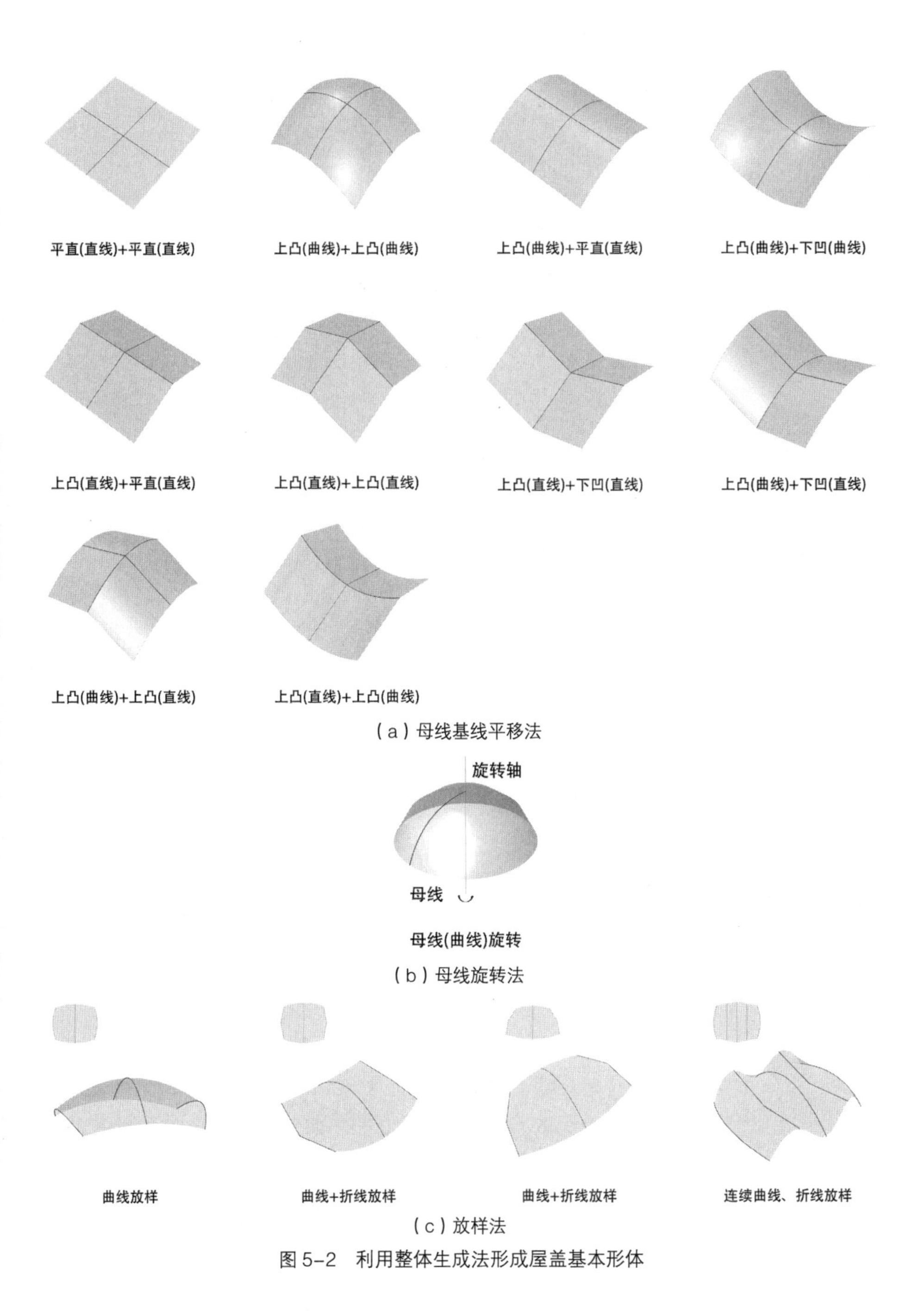

（a）母线基线平移法

（b）母线旋转法

（c）放样法

图 5-2　利用整体生成法形成屋盖基本形体

5.2.2　几何形体的剪裁

几何形体的剪裁是指依照建筑内部空间与外部造型需要，截取各种规则曲面或自由曲面的一部分作为大跨度屋盖的基本形体。在实际设计过程中，常用的做法是将体育馆多功能比赛厅的外轮廓向要剪裁的曲面进行投影，并将投影线作为参考线对该曲面进行截取（图 5-3）。

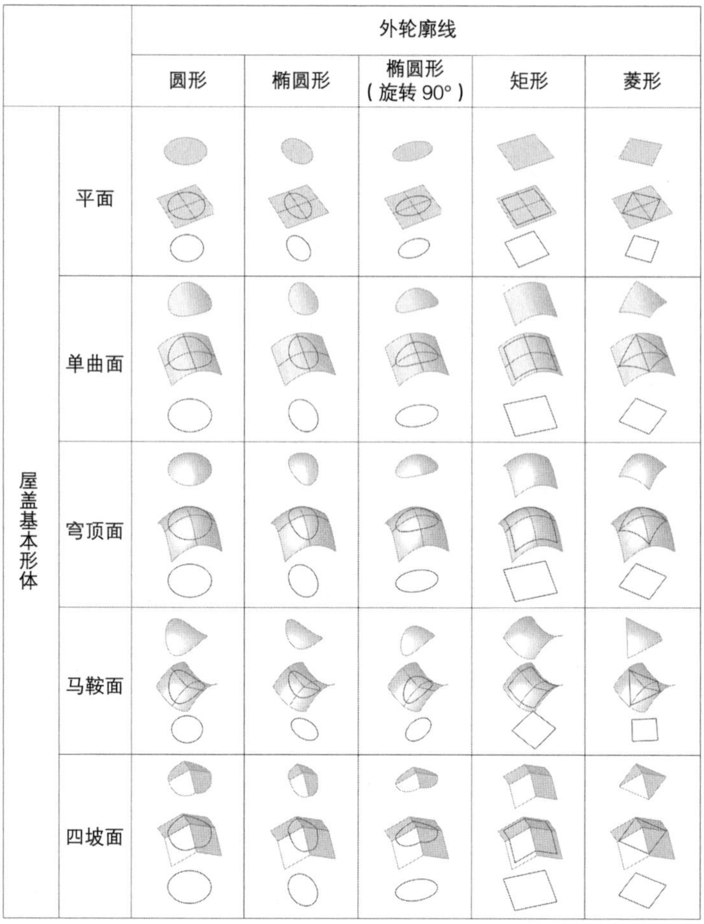

		外轮廓线				
		圆形	椭圆形	椭圆形（旋转 90°）	矩形	菱形
屋盖基本形体	平面					
	单曲面					
	穹顶面					
	马鞍面					
	四坡面					

图 5-3　对几何形体进行剪裁形成大跨度屋盖基本形体

5.2.3　几何形体的组合

几何形体的组合是指将特定的几何形体作为单元，并依照一定的规则将这些单元组合起来，从而形成体育馆大跨度屋盖的基本几何形体。作为单元的几何形体可以是规则的几何体或采用整体生产法形成的几何体，也可以是通过剪裁得到的几何形体。依照组合的方式又可以分为直线阵列式组合、环形阵列式组合以及交叉式组合等（图 5-4）。

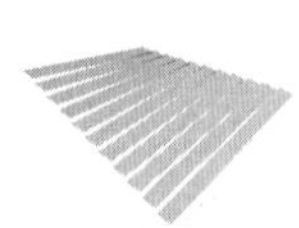

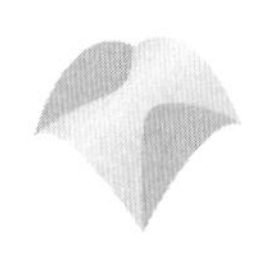

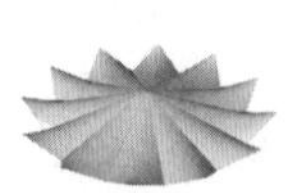

图 5-4　几种通过几何体组合形成的大跨度屋盖基本形体

5.3　体育馆大跨度屋盖结构的分类

在综合考虑各方面问题确定大跨度屋盖几何形体的基础上，应充分考虑各类大跨度结构的性能特点，为大跨度屋盖选取适用的结构类型。大跨度结构类型多样，通常可按照材料与结构形式进行分类。

5.3.1　按结构材料分类

材料对于结构的形式与性能有重大影响。不同的材料具有不同的力学性能，直接影响了相应的结构形式。同一种结构材料可以用于不同类型的结构形式，而同一种类型的结构形式也可采用不同的结构材料。常用于体育馆大跨度屋盖结构的材料主要有钢、钢筋混凝土、木、有机膜材料等。

钢是大跨度结构常用材料，其优点在于自重轻、材质均匀、抗压抗拉强度较大，抵抗变形能力强、可预制、可重复利用，而缺点在于易锈、耐火性差、耐腐性差。在实际运用中主要将钢材制作成中空杆件，以此作为基本单元组成结构，或将钢材制作为型钢（常为 H 型钢、T 型钢等）作为大跨度梁使用。在体育馆建筑中，前者较为常见。此外还可以将钢材做成拉索，编织成网形成大跨度结构或与其他材料的结构相互配合形成大跨度屋盖结构。

钢筋混凝土是常用的建筑结构材料，其优点在于造价低、耐火性好，缺点在于自重大、作为大跨度屋盖结构通常需要现场施工等。早期的大跨度结构多采用钢筋混凝土结构，主要用于各类壳体结构（包括薄壳、扭壳、折板等）或实体拱结构。

木材在某些地区，如北美、日本、西欧、北欧等地，也常被用于建造体育馆大跨度屋盖结构。作为结构材料，木材的优点在于自重轻、可预制、材料环保，缺点在于造价高、耐火性差。在实际运用中，通常将木材制作为胶合板，再将胶合板制作为大跨度梁使用。

常用的结构膜材料包括聚四氟乙烯（PTFE）、乙烯－四氟乙烯共聚物（ETFE）、聚氯乙烯（PVC）、聚偏二氟乙烯（PVDF）。各种材料的薄膜在结构中仅能承受拉力，其优点在于自重轻、建造工期短、造型独特、透光性好、可重复利用，而缺点在于稳定性差、抵抗局部荷载能力差、耐久性差、隔热性差、隔声差。膜结构一般与各种钢结构（包括以钢制杆件或钢索为单元的结构）配合形成大跨度屋顶，也可直接制作为充气结构。

5.3.2 按结构形式分类

结构形式主要规定了不同的结构材料以什么样的方式制作成结构单元，而结构单元又如何进一步组合形成结构整体。结构形式直接决定了结构性能以及结构形象，对大跨度屋盖的几何形态也有一定的影响。有些结构形式（如壳体、充气结构）对形体较为敏感，有时需要通过找形（Form finding）来确定合理的结构形态，因此对大跨度屋盖的几何形体有一定的要求。而另外一些结构形式（如空间网架、桁架梁体系等）对于形体适应性较强，可以用于各种不同几何形体的大跨度屋盖。

对于各种结构类型，组成结构整体的结构单元极为重要。不同形式的结构单元具有不同的受力特点，与结构材料也有紧密的联系，同时还决定了结构的整体形象。因此从结构单元的角度出发去理解各类结构形式，对结构选型来讲十分必要。对于体育馆大跨度屋盖结构，常用的结构单元有四种：连续实体单元、杆件单元、索单元、薄膜单元。这四种单元可以各自组合成独立的单一结构，也可以相互配合形成混合结构。

这里列举的结构形式基本涵盖了各类常用的类型。

1. 以连续单元为实体的结构

连续单元实体指的是有一定厚度的块状实体，依照大跨度屋盖的曲面、折面或曲线延伸而形成的完整结构体。在体育馆大跨度结构中，这类实体单元通常为钢筋混凝土材料，可形成壳体、实体拱（区别于杆件单元组成的桁架拱）、折板等大跨度结构以支撑屋盖。对于实体拱结构，还可采用木材作为实体单元形成胶合木实体拱。

壳体结构，尤其是薄壳结构，其中的实体单元在荷载作用下主要承受压力，且在理想状态下一般不承受弯矩或相对于压力主要承受较小的弯矩。壳体结构的几何形体通常为曲面。曲面的形式以及曲面上的开洞位置与尺寸大小，直接决定了壳体结构的内力状态。因此，在设计壳体结构时需要着重考虑其曲面形式以及曲面上的开口形式，以控制乃至消除弯矩内力。罗马小体育宫（Palazzetto Dello Sport of Rome）的屋盖结构是较为典型的壳体结构（图 5-5a），壳体结构的几何形体通过截取球体的一部分而得，在壳体结构的下部增加了网格状肋以应对可能出现的弯矩。除了典型的整体式壳体结构外，还有将壳体结构作为单元，通过将若干个单元与其他支撑结构组合的方式形成体育馆大跨度屋盖，从而解决了壳体结构形式单一、曲面开口受限等问题。

实体拱结构，主要材料有钢筋混凝土或胶合木材。拱结构与壳体结构相同，在荷载作用下其内力主要为压力，结构设计中也需通过找形以确定形体。悬链线常用于形成拱结构的几何形体。在体育馆大屋盖设计中，单榀拱单元截面高度可保持不变，也可根据内力大小而变化形成变截面拱。每单榀拱单元可沿建筑长轴方向直线阵列排列形成筒拱状的屋盖形态，也可变化拱单元的跨度和高度形成有变化的屋盖形态（图 5–5b）。

折板结构由混凝土平板折曲而成。相较于平板，折板的结构高度有所增加，可以有效抵抗弯矩。折板结构形式较为固定，由折板单元沿建筑长轴方向直线阵列形成大跨度屋盖，整体形态以水平延伸为主，屋檐处有一定的韵律感（图 5–5c）。

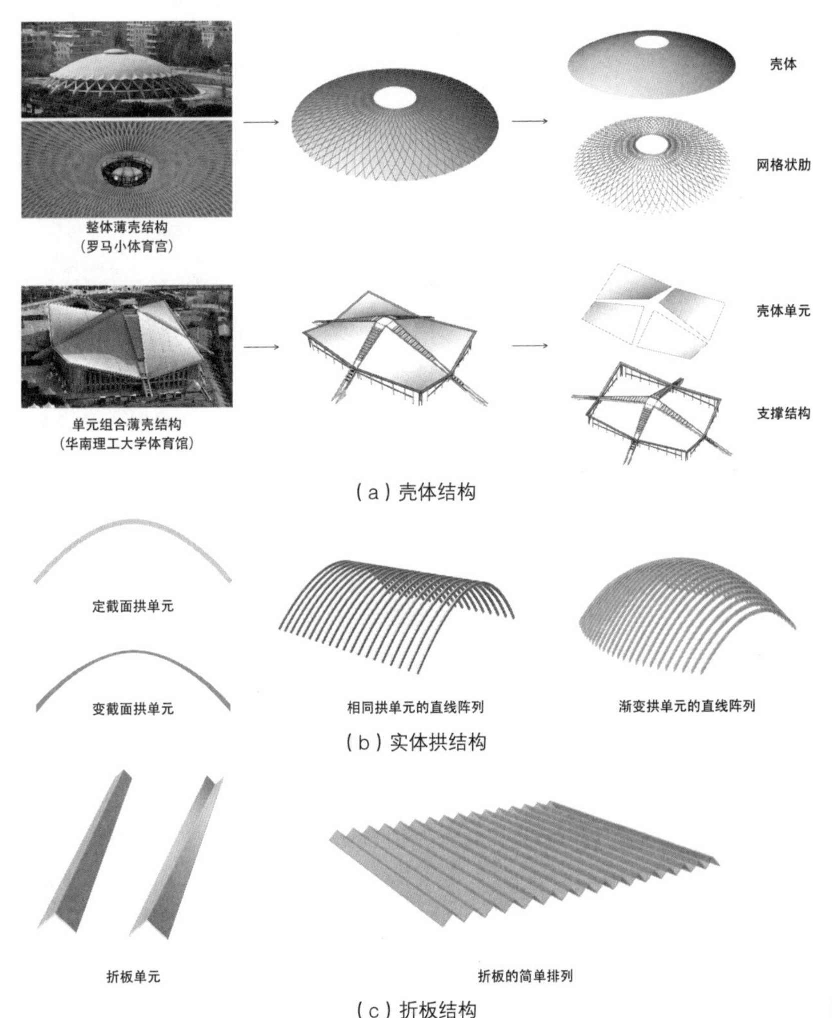

（a）壳体结构

（b）实体拱结构

（c）折板结构

图 5–5　以连续实体为单元的结构

2. 以杆件为单元的结构

杆件单元组成的结构在体育馆大跨度屋盖中较为常见，其材料一般多为钢材，也有木材。其中钢材杆件通常为中空管状杆件，断面通常采用圆形，也有矩形，另外也有采用型钢作为杆件。木材则通常采用胶合木板加工成杆件。杆件单元可用于组成网壳、桁架梁、桁架拱、桁架刚架、空间网架等结构。

网壳是按一定规律布置的杆件，通过节点连接而形成的曲面空间杆系结构，结构整体主要承受整体薄膜内力。网壳可看作格构化的壳体结构。作为一个整体，网壳结构受力特点与壳体结构的受力特点类似，结构整体内里主要为压力，通常对形体有一定的要求，而组成网壳的杆件单元主要承受压力。杆件之间的空隙可用作自然通风与采光开口。广东东莞长安体育馆大跨度屋盖采用了网壳结构，截取球面作为几何形体，钢杆件单元采用圆形排列，在屋盖曲面上利用杆件间空隙设计了环状天窗用作自然采光（图 5-6a）。

桁架梁可看作是格构化的梁。作为一个整体，桁架梁整体承受弯矩，而其中杆件单元主要承受拉力与压力。桁架梁的形式多种多样，梁的截面形状、高度与宽度均可以变化。若干相同的或形式有所变化的桁架梁可以沿建筑长轴平行排列组成结构整体，可适用于各种大跨度屋盖形体（图 5-6b）。利用桁架梁之间的空隙可设置天窗或高侧窗实现自然通风采光。

当支撑桁架梁的竖向支撑也为桁架，且与桁架梁组成一整体时，则形成了桁架刚架。作为一个结构整体，刚架相对于桁架梁可以有效减少跨中弯矩，其杆件单元也主要承受拉力与压力。形式相同或形式有所变化的桁架刚架单元可通过沿建筑长轴方向直线阵列的方式组成大跨度屋盖结构，利用刚架间的空隙可设置天窗或高侧窗解决自然采光与自然通风问题（图 5-6c）。

桁架拱可以视作格构化的拱。桁架拱结构作为一个整体，具备拱的受力特点，而杆件单元主要承受拉力与压力。若干形式相同的桁架拱沿建筑长轴方向直线阵列形成筒拱形屋盖（图 5-6d 左），也可将平行排列的桁架拱由里到外依次缩小跨度和高度，形成穹顶形态的屋顶（图 5-6d 中）。除了平行排列外，桁架拱还可交叉排列形成大跨度屋盖的主要结构，再由次要结构（如平面桁架梁）填充空隙（图 5-6d 右）。

空间网架指的是按一定规律布置的杆件通过节点连接而形成平板或曲面空间杆系结构，主要承受整体弯曲内力。空格网架可以视作格构化的平板或曲面板。板结构整体主要承受弯矩，其中的杆件单元主要承受拉力和压力。网架可由三角锥体、四角锥体或交叉桁架组合而成，通常为双层，也可做到三层，其形态较为灵活，可以匹配各种类型的屋盖形体（图 5-6e）。

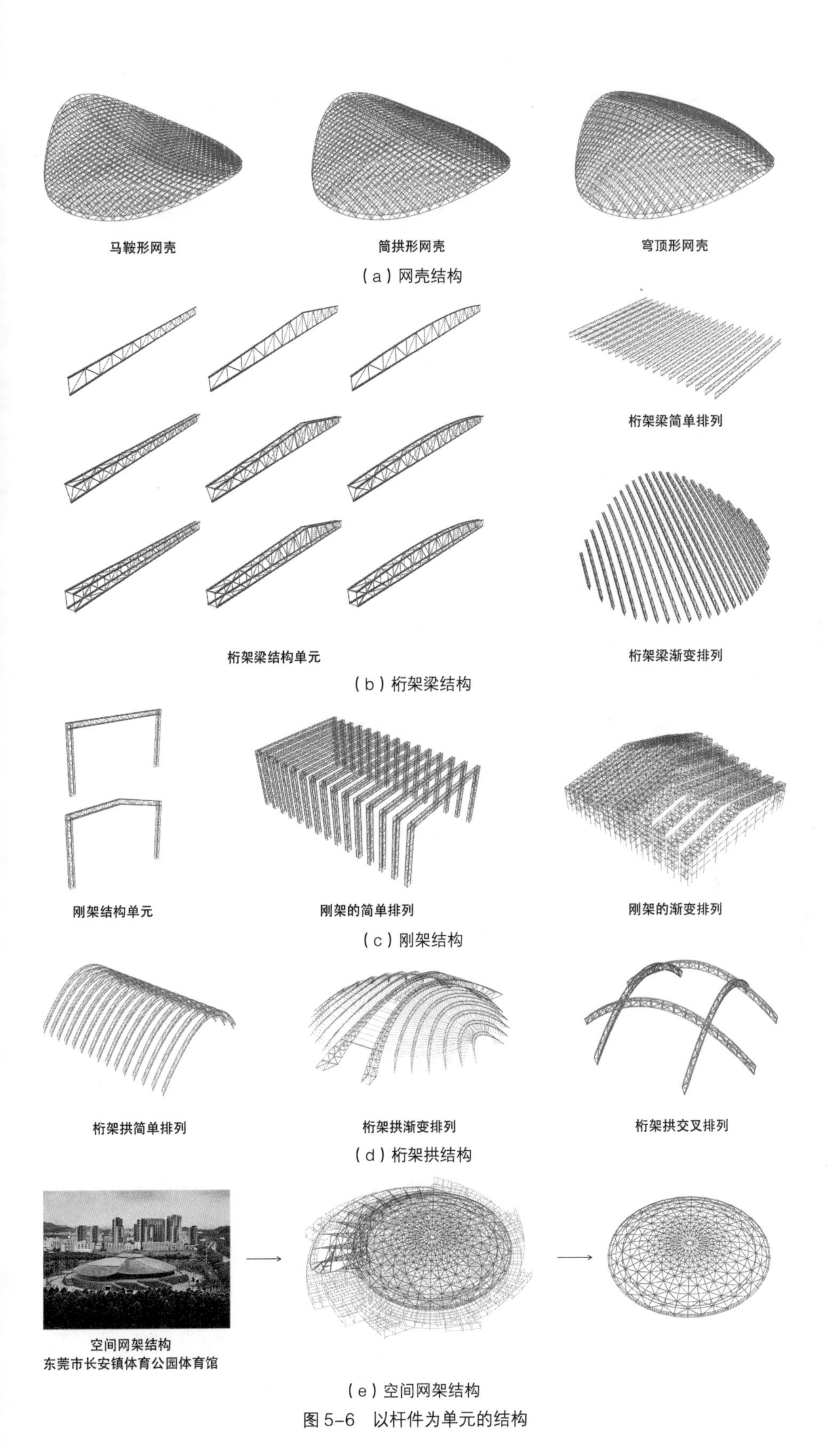

图 5-6　以杆件为单元的结构

3. 以拉索为单元的结构

拉索或拉杆结构单元通常采用钢材制作，在大跨度结构中只承受拉力。索单元可用于双向正交的索网结构或帐篷式索网结构，也可以与其他结构单元组成混合结构，包括索与杆件组成张拉整体结构、弦支穹顶、张弦桁架梁，还可用于斜拉与悬索结构。

双向正交索网结构是用两组平行排列的索网按正交方向编织而成的网状结构。通常一组拉索呈下凹形态，为承重索，另外一组拉索向下拉拽承重索，为稳定索，整体形成马鞍形曲面（图 5–7a）。而帐篷式索网，则是在索网中的不同位置通过撑起或吊起索网的特定节点，在索网内形成拉力，从而形成整体结构。其形态为高低起伏具有韵律感（图 5–7a）。这两种索网结构均对几何形态较为敏感，在设计过程中需要进行找形。其设计难点则在于避免局部荷载作用下的结构失稳。

张拉整体结构是较为新颖的结构，主要由连续的受拉构件配合不连续的受压构件组合而成的预应力空间结构。其中受拉构件通常是拉索或张拉膜，受压构件通常为杆件。佐治亚体育馆（Georgia Dome）大跨度屋盖结构是索与杆件组成的张拉整体结构的典型案例（图 5–7b）。此外，拉压环结构也是典型的由索与杆组成的张拉整体结构。拉压环结构包括内外两个由多段杆件拼接而成的同心圆环。两环之间由若干径向拉索张拉，从而连接为一整体。在径向拉索作用下，内环整体受拉力而外环整体受压。拉压环结构的整体形态呈圆形平面，整体感觉轻盈通透（图 5–7b）。其设计难点在于控制局部荷载作用下的整体失稳。

弦支穹顶是用拉索在单层网壳下方组成张拉索网，并通过杆件支撑网壳，相当于为网壳施加了体外预应力，增加了承载力（图 5–7c）。类似的，张弦桁架梁则是在桁架梁体的下方设置拉索，通过撑杆支撑桁架梁，相当于为桁架梁设置了体外预应力索，增加了承载力（图 5–7d）。还有索杆结合的桁架梁，将桁架梁的下弦杆直接替换为拉索，通过腹杆支撑上弦杆（图 5–7d）。

斜拉结构与悬索结构是在巨型构筑物提供支撑点的基础上，用拉索或拉杆通过斜拉或悬吊的方式从上方吊起大跨度屋盖结构（图 5–7e）。如前文提到的实体拱或桁架拱即可作为斜拉或悬索结构的支撑构筑物，此外实体的或桁架的巨型刚架或高塔都可作为类似的构筑物。

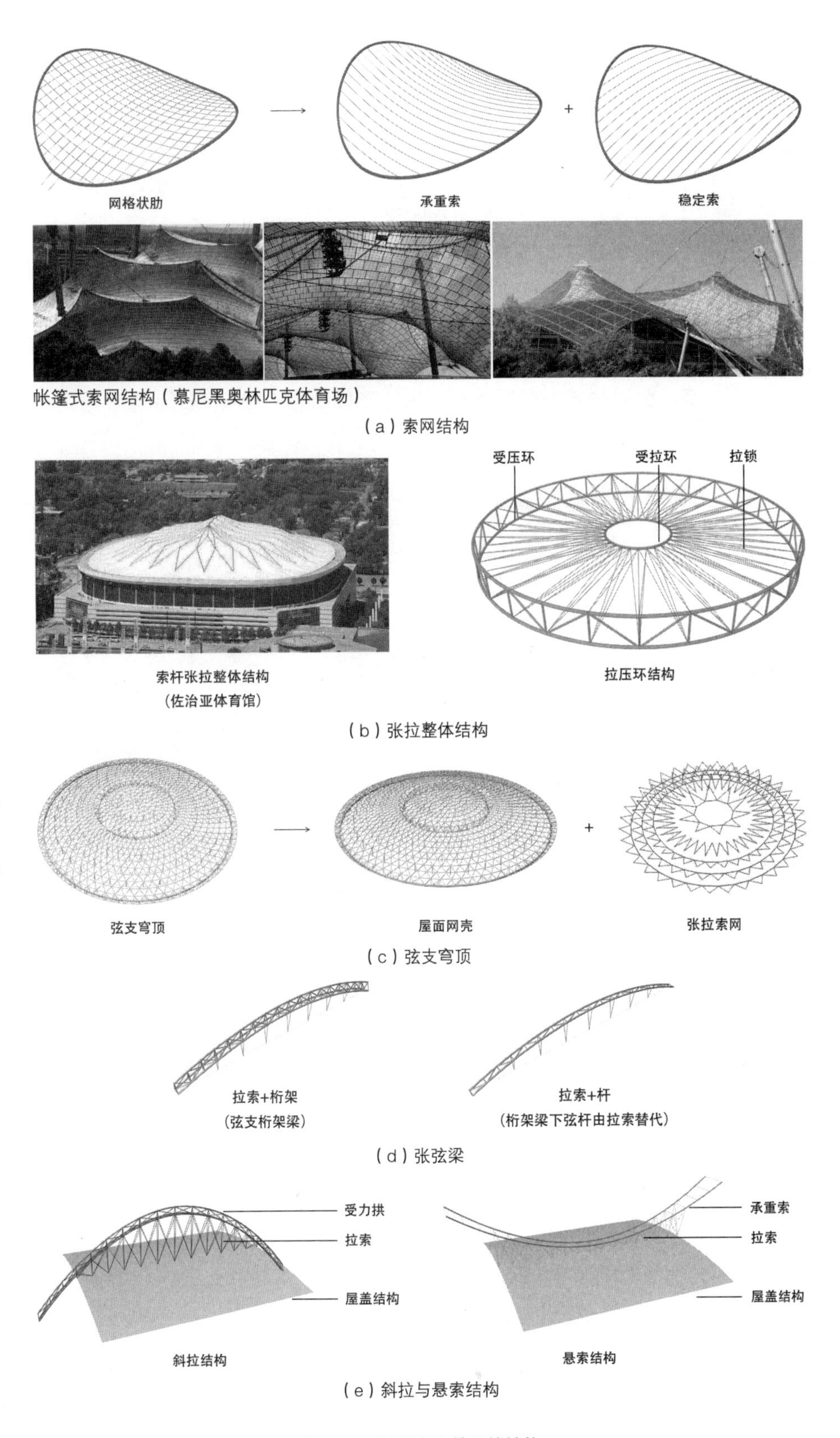

图 5-7　以拉索为单元的结构

（a）张拉膜结构

4. 以薄膜为单元的结构

以薄膜为单元的结构主要有张拉膜结构与充气膜结构。张拉膜结构主要通过直接拉扯薄膜形成结构整体，类似于前面提到的帐篷式索网结构（图 5-8a）。在大跨度结构中，通常需要树立支撑结构，从下方撑起或从上方拉吊来实现对薄膜的张拉。

充气膜结构则主要有气承式与气肋式两种。气承式主要通过向室内充气，让室内（膜结构内）气压大于室外（膜结构外）气压，使膜结构产生张力。这种方式对室内外气压控制要求较高，室内容积不宜过大，因而不适用于体育馆。气肋式则是将薄膜做成封闭气囊，通过内部充气对其进行张拉形成结构（图 5-8b）。与索网结构

（b）整体充气结构

张拉膜作为填充结构
（伦敦奥运会篮球馆）

充气膜作为填充结构
（水立方国家游泳中心）

（c）膜结构填充结构

图 5-8　以薄膜为单元的结构

类似，张拉膜结构与充气膜结构需要通过找形确定形态，其设计难点同样在于局部荷载下的结构失稳。

此外薄膜单元也通常与杆件、拉索单元配合组成混合结构。在这些混合结构中，薄膜单元作为张拉膜或充气膜（气枕），通常用来填充杆件结构或索结构的空隙部分（图 5-8c），这类结构又被称为骨架支撑膜结构。

5.4　结构选型原则

在综合考虑各方面因素从而确定了大跨度屋盖几何形体的基础上，选择合适的结构类型需要遵循一定的原则：

- 结构选型应以满足建筑需要为基本前提，不应先定结构形式让建筑削足适履，本末倒置。
- 结构受力特点不可改变，不可只顾建筑需要而不问结构是否合理。
- 同一个建筑平面空间布局可以选择多种结构类型，不宜拘泥于某一类，思路宜宽不宜窄。
- 同一种结构面对多种平面空间布局，必有矛盾，采用不同选型手法有助于突破困境，宜面对挑战，知难而进。
- 手法的运用不在于复杂，而在于巧妙。
- 减轻自重，减少材料、降低物化能。
- 结构特性符合屋盖几何形态特点。

第 6 章　流线组织、消防疏散与无障碍设计

体育馆建筑的疏散设计应当以安全为首要原则，同时应重视疏散效率和建筑效益，因而所涉及的设计影响因素较多，比如比赛厅的平面空间布局、剖面设计以及外部环境设计等。体育馆建筑的疏散设计不只是单纯的流线设计、出入口设置，更为重要的是疏散方式的选择，另外，疏散时间也对疏散设计有着很大的影响。在疏散设计时应充分考虑各个方面，并结合具体实际情况，以达到最佳的疏散效果。

6.1　体育建筑的疏散设计特点及要求

体育场馆在进行体育比赛或者集会活动的时候涉及大量人流的进出，尤其是观众人群，观众流线的特点是人员进场分散、时间跨度长，但人员出场集中、时间跨度短。出场人流是一种强制性的人流疏散，无论是正常情况下的疏散还是紧急疏散，都隐藏着安全问题。

特别是在紧急疏散的情况下，由于突发性和紧迫性，人群会形成一种强制性疏散。一旦发生事故，容易引起人们的情绪紧张，人们希望尽快离开事故现场，人流速度加快，呈现出一种“后浪推前浪”的强制状态。此时，如果有人摔倒或者突然由宽阔的空间进入狭窄通道，就容易出现道路堵塞、人流停滞的现象，诱发人们的心理状态改变，心情更加焦虑紧张，此时更容易出现盲目拥挤和推搡等事

故。在此情形下，疏散效率将会大大降低，也容易发生人身安全事故。在国内外案例和研究中也可以看出，致死伤者多因紧急疏散中的惊慌失措而造成拥挤践踏，进而导致悲剧发生。

因此，体育建筑的疏散设计应满足以下几点要求：

一是及时。一旦发生火灾等危险，能快速将人群疏散到安全区域，保证屋盖塌落或者烟气弥漫之前全部观众离开事故现场。

二是安全。在紧急疏散的过程中，防止出现拥挤、堵塞、践踏的现象发生，使观众有序、安全、顺畅地到达室外。

三是便捷。观众疏散路线应便捷流畅，避免绕弯迂回。

四是效益和舒适。体育馆疏散设计在保证及时、安全、便捷的基础上，还应该节省建筑面积，出入座席的路径要方便舒适。比如，疏散路线不应穿越内场空间，休息厅应尽量集中，减少疏散层次等以获取最大的使用效率。

在具体的设计时，疏散路线简单明了，易于辨认，避免曲折多变，宜形成环通流线，应提供两个以上可选择的疏散方向，并设置简明易懂、醒目易见的疏散标志；设置多个安全出口，分布均匀，符合人们使用习惯；平地疏散通道尽量不设踏步；禁止在通道内布置妨碍安全疏散的突出物，应合理布置各种安全疏散设施；结合视线设计要求、空间利用率、座席规模大小等因素确定最佳疏散方式。

6.2　流线组织和疏散方式

6.2.1　流线组织原则

体育馆聚集大量人流，为保证人身安全和管理方便，应将不同人员的出入流线分隔开以避免交叉干扰。而观众作为体育馆的主要使用群体，人流组织时应将观众流线放在第一位，使其行走路径直接便捷，尽量不要让观众面对多种选择。流线设计时应结合具体的场地条件和功能布局对不同人流进行合理组织，同时应注重赛事和非赛事时人流组织的弹性应变。

要取得合理的人流组织，出入口的设置也应该要合理，因为出入口是引导人流由一个空间走向另一个空间的标志之一。

6.2.2　人群流线分类

体育馆内有多种使用人群，不同的人流会影响房间设置和空间布局。体育馆的人员流线主要分为外场人流和内场人流两大部分（见表 6-1）。赛时的人流具体可以分为以下六种：普通观众、贵宾、运动员、新闻媒体、赛事管理和场馆运营流线，功能与流线关系如图 6-1

所示。非赛时使用时人流具体可以分为以下五种：普通观众、贵宾、运动员、教学办公和场馆运营流线，功能与流线关系如图 6–2 所示。

普通观众主要是观众通过检票处到观众休息区，然后进入比赛厅并落座观众席。在靠近观众座席的活动区域内设置必要的服务设施，以满足休息、商业休闲、医疗、通信、金融服务等需求。

另外，也需要考虑各种无障碍设置，保证残疾观众可以无障碍通行、疏散流线简短并临近出入口。残疾观众一般与其他观众共用出入口，也可以设置独立出入口。临近无障碍座席处应设无障碍卫生间、无障碍标志和必要的指示说明。

贵宾人数一般是观众人数的 0.5%~1%，贵宾经专用休息厅进入比赛厅内贵宾席（或主席台）。比赛期间应为贵宾设置专用出入口，并设置相应的接待和后勤服务设施。

运动员流线从运动员出入口到休息室、更衣室，经练习场地做准备活动后，到检录处整队再进入比赛场地。

内外场人员流线　　表 6–1

功能分区	具体流线分类	使用区域
外场	普通观众流线	普通观众席、观众休息厅及附属服务设施、无障碍座席区、无障碍服务设施如残疾人卫生间等
内场	贵宾流线	包厢及包厢看台、贵宾休息室及附属服务设施、场地（主席台）等
	运动员及随队人员流线	比赛场地、运动员休息室、热身训练馆、检录处、医疗药检等
	新闻媒体流线	场地（部分记者）、媒体工作室、新闻发布厅、媒体记者休息室、媒体设备用房、媒体席等
	赛事管理流线	比赛场地、赛事管理办公室、裁判员休息室等
	场馆运营流线	场馆管理办公室、库房、设备用房等

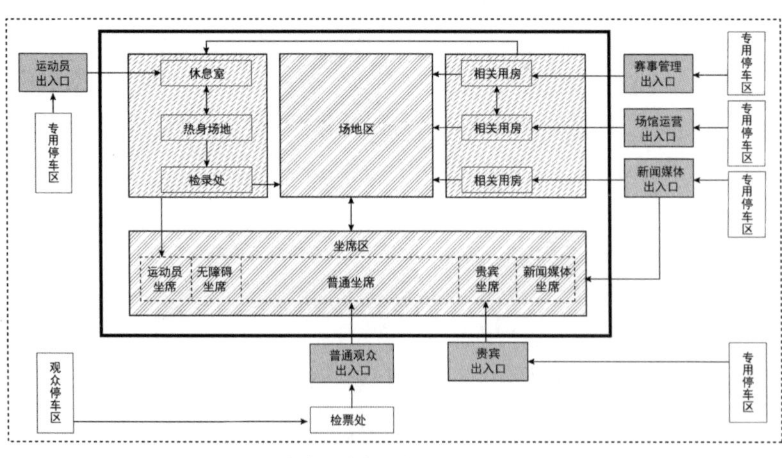

图 6–1　体育馆赛时功能与流线关系示意图

新闻媒体流线应考虑摄影师与记者进入各个拍摄位置的路线，要求尽量减少于场地内的路线交叉。媒体看台应直接与媒体工作区（媒体工作室、新闻发布室、采访室以及混合区）相连，播音室、评论员室及声控室应能直视比赛场地、主席台和显示牌等。另外出入口附近应能停放电视转播车，设置电视设备接线室，并提供临时电缆的铺设条件。

赛事管理人员从独立出入口进入赛事管理区，管理区内布置裁判员和组委会用房等，裁判可以通过区域内专门通道直接进入比赛场地。

场馆运营人员主要是为比赛服务的工作人员、安保人员和后勤管理人员，在流线关系上应该与全馆各处都有方便的联系。

6.2.3　出入口设置

场馆对外出入口的数量应不少于 2 处，其大小应满足人员出入方便、疏散安全和器材运输的要求。场馆内出入口的类型包括以下六种：普通观众、贵宾、运动员、新闻媒体、赛事管理和场馆运营出入口。

场馆的出入口可以都设置在一层，或者垂直分层，也可以都从二层进入，这与场馆的人流组织等有关。各种流线从场馆的不同方位进入，以下仅列举几种流线组织形式（图 6-2）。

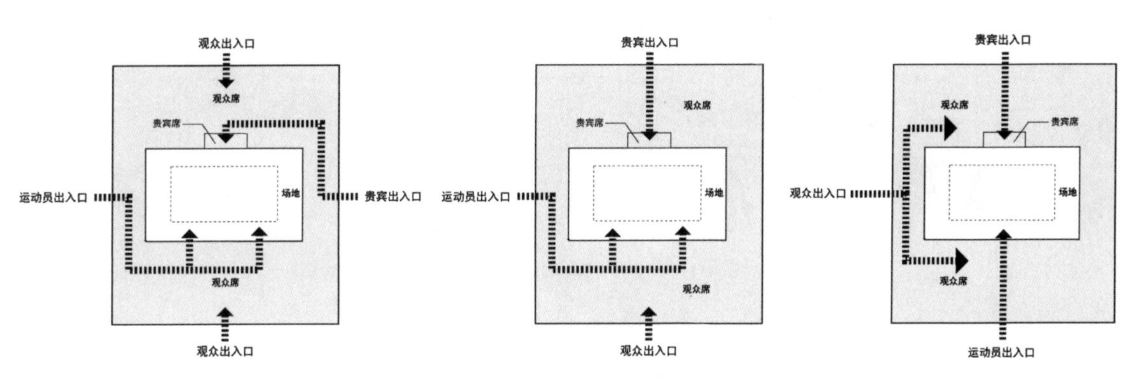

图 6-2　出入口设置示意图

在总平面设计时，体育馆出入口设计的位置应尽量有利于合理组织人流，内外场人流要进行分区，尽可能使各种人流之间、人流与车流之间互不干扰、自成体系，同时有直接的集散路线（图 6-3）。特别是一些大型体育馆人流、车流较集中，因此在总平面的交通设计上，可以和城市立体交叉道路相连，根据各种车流疏散方向和人流疏散要求，也可以在总平面内布置立体交通通道。

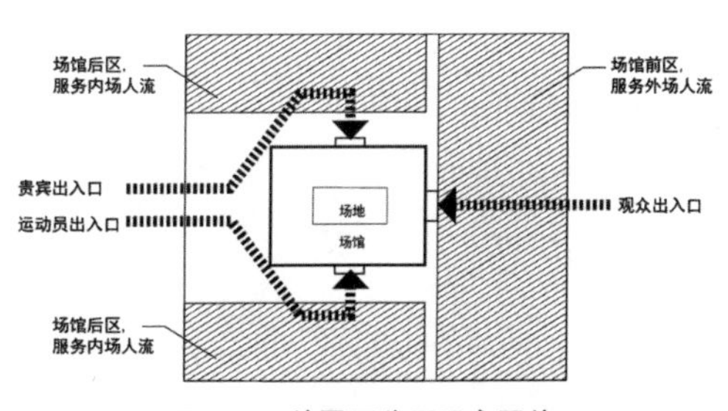

图 6-3　总平面分区示意图体

6.2.4 疏散方式

疏散方式关系到场馆空间的总体布局和人流组织，根据散场时的流线来划分可大致分为四种：上行式、下行式、中行式、复合式。这几种疏散方式各有利弊，需结合场馆规模、场地特征、视线设计、空间利用等多重因素综合考虑，从而选择最优、最适合的疏散方式，做到安全便捷、及时有效。

1. 上行式疏散

观众入场时从最高排进入，退场时背向场地向上疏散。室内空间完整，不用设置洞口，节省占用观众席空间。观众席下面的空间可以用作其他的用途，提高比赛厅的有效利用率，主要适用于中小型馆。

2. 下行式疏散

主要入口位于座席下部，疏散时观众由上至下到疏散口。这种疏散方式通常只是用于中小型的体育馆。

侧边式疏散是下行式的特殊形式（图 6-4）。结合座席起坡将疏散通道布置在座席外侧，观众由低到高疏散，疏散坡道依观众流量增多而逐渐加宽，可兼作无障碍设施，巧妙而经济，但这种坡道只有在特定的空间或造型中才可能形成，对大多场馆并不适用。

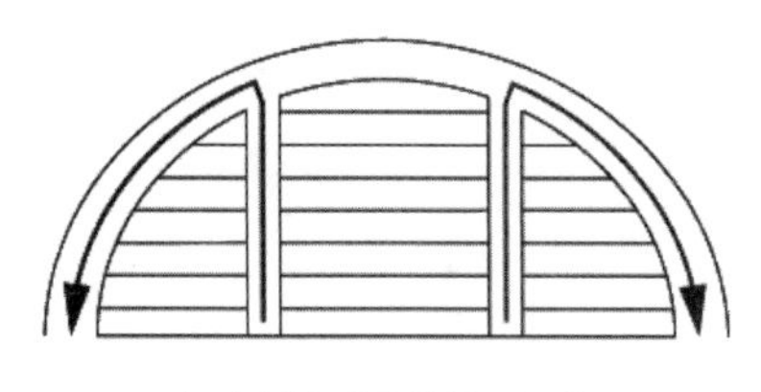

（a）侧边式疏散平面示意

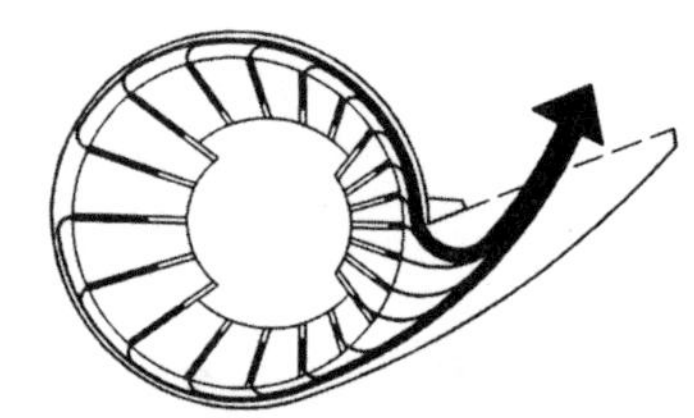

（b）侧边式疏散案例——代代木体育馆

图 6-4 侧边式疏散示意

3. 中行式疏散

体育场馆最常用的疏散方式。中行式疏散可以利用大台阶将观众引导至二层座席中部再上下分流。这种布局有一定的优点，即流线易于组织，内外场分区明确，人流路线短捷顺畅，此疏散方式广泛应用于大中型场馆的疏散设计中。

4. 复合式疏散

为适应不同的使用要求，创造出更加灵活的建筑形式，疏散方式可以选择以上两种或三种方式组合使用，从而形成复合式疏散方式。目前这种形式广泛地应用于各种大中型或超大型体育场馆（图 6-5）。

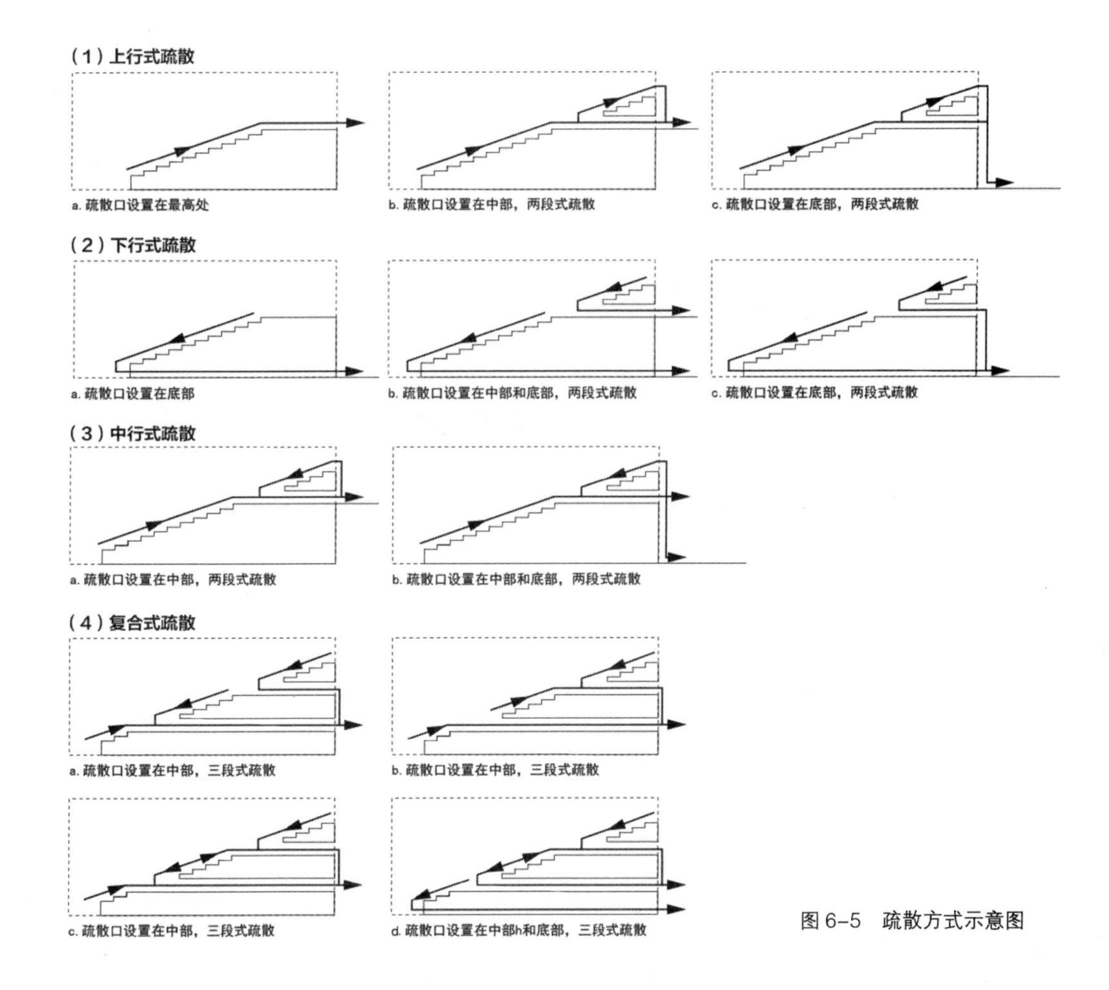

图 6–5　疏散方式示意图

6.3　疏散标准和计算方法

6.3.1　参考标准

1. 疏散时间的影响因素

体育馆疏散时间的因素主要有两个方面。一是当建筑物发生火灾时，由于浓烟蔓延和空气温度的升高，到达能引起观众窒息和烧伤致死所需的时间；二是因火灾引起结构破坏，使建筑物倒塌所需的时间。前者跟建筑物空间大小有关，后者与建筑物本自身耐火等级有关。

对于体育馆建筑疏散时间的确定，主要因素是后者，即与建筑物自身耐火等级有关。因为体育馆比赛厅是大空间，并与周围空间联通，所以火灾浓烟的漫延和空气升温而使人窒息死亡的可能性小于其他公共建筑。另一方面，钢材料的耐火性很差，因火灾而导致垮塌所需的时间很短。所以对体育馆的疏散时间考虑应以建筑耐火等级为主要考虑因素。

2. 疏散时间规范

体育馆比赛厅疏散可分为两个阶段。第一阶段是所有观众从座席到比赛厅的出口，所需时间称为比赛厅疏散时间，第二阶段是所有观众从比赛厅的出口到体育馆的外门，所需时间称为比赛厅外面疏散时间。

根据实际观察和统计数据，在第二阶段的疏散过程中，观众走出比赛厅后人流密度相对减少，其行走速度加快，因此只要在平面设计中注意疏散宽度不减小，使比赛厅出口至体育馆门外的距离和路线尽可能简捷、畅通，就可以不考虑对第二阶段疏散时间的控制计算。因此，对体育馆的疏散时间考虑只控制计算第一阶段即比赛厅疏散时间。

根据比赛厅的规模、耐火等级确定疏散时间，如表 6-2 所示。通常体育馆比赛厅的疏散时间为 3~4 分钟。

控制安全疏散时间参考表　　表 6-2

观众厅规模（人数）	≤ 1200	1201~2000	2001~5000	5001~10000	10001~50000	50001~100000
室内控制时间（min）	4	5	6	6	—	—
室外控制时间（min）	4	5	6	7	10	12

注：该表适用于Ⅰ、Ⅱ级耐火等级建筑；Ⅲ级及以下的耐火等级建筑疏散时间应不超过 3min。

6.3.2　疏散计算

1. 疏散时间计算方法

体育馆疏散时间的常用计算方法有两种，即密度法和股数法，可根据有无座椅情况来采用不同方法。

（1）密度计算法

无靠背椅的体育馆紧急疏散时，观众可以选择任意途径通行，很难有序行进，此时用密度计算法比较切合实际。

计算公式：$T=\dfrac{N}{baV}$

【T——总疏散时间；N——比赛厅总人数；b——疏散口总宽度；a——疏散时的人流密度，取 3 人 /m^2；V——疏散时的人流行走速度】

一般平地自由行走时的人流速度为 60 ~ 65m/min，人流不饱满时的人流行走速度为 45m/min，密集的人流行走速度为 16m/min，在楼梯上人流密集时上行速度为 8m/min，下行时为 10m/min。

（2）股数计算法

设有座椅的体育馆观众疏散路线被座椅限定，人流成股行进，采用股数计算法最恰当。根据体育馆规模的不同可分别按下述两种公式计算。

计算公式：

$$T=\frac{S}{V}+\frac{N}{AB}$$ （适用于大型体育馆）

$$T=\frac{N}{AB}$$ （适用于中小型体育馆）

T——总疏散时间；N——疏散总人；A——单股人流通行能力（40~42 人 / 股 · min）；B——外门同行人流股数（当门宽小于 2m 时，每股人流的宽度按 550mm 计算，当门宽大于 2m 时，每股人流宽度按 500mm 计算。当外门总宽度超过各门通过的人流股数之和时，仍按内门人流股数之和计算）；V——疏散时在人流不饱满时的行进速度（45m/min）；S——外门人流饱满时，各内门至外门距离加权平均值，即：

$$S=\frac{s_1b_1+s_2b_2+\cdots+s_nb_n}{b_1+b_2+\cdots+b_n}$$

式中：S_1、$S_2 \cdots S_n$ 是指各第一道疏散口到外门的距离。当内外门疏散通道有楼梯时，因人流速度减慢，应将实际距离加上楼梯长度的一半值为计算距离；b_1、$b_2 \cdots b_n$ 是指各第一道疏散口可通行的人流股数。

2. 疏散口的宽度和数量设计

（1）宽度计算

当采用规范中所规定的疏散控制时间来计算疏散口所能通过的人流股数时，常采用如下公式：

$$B=\frac{N}{A\left(T-\frac{S}{V}\right)}$$ （股）

式中：S——估计的平均距离；其他符号的意义同上。

安全出口应分布均匀，开口大小合理，宽度不应小于 1100mm，同时出口宽度应为人流股数的倍数，4 股和 4 股以下人流时每股宽度按 550mm 计算，大于 4 股时按 500mm 计算。当有横向通道时，每个疏散口可考虑 8 股人流；无横向通道时，每疏散口可考虑 4 股人流。通常一二级耐火等级比赛厅≥ 0.35m/100 人，三级耐火等级比赛厅≥ 0.65m/100 人。

（2）数量设计

比赛厅的出入口承担着疏散的作用，若比赛厅出入口数量太少，则将使观众在疏散时到出口的距离过长，从而增加疏散时间；若数量过多，则分配到每一个口的宽度会减少，也不利于疏散。所以在考虑出入口的数量时，既要便于出入口的均匀分布，又要使各个出入口维持合适的宽度。

体育馆比赛厅安全出口的数目不应少于两个，且每个安全出口的平均疏散人数不宜超过 400~700 人。疏散门净宽度不小于 1400mm，且必须向疏散方向开启。

6.3.3　疏散通道设计

1. 纵向过道

纵向过道宽度设置应满足以下规定：座席间的主要纵向通道应大于或等于 1100mm，次要纵向通道宽度应不小于 900mm。当设有横向通道时，横向通道宽度应不小于 1100mm。

在设计时需要注意，纵向过道的总宽度与比赛厅出入口的总宽度应该相等，如果纵向通道的疏散能力大于出入口的疏散能力，则将会造成出入口的人流拥挤，反之将会延长观众退出比赛厅的时间。每条纵向过道的宽度与人流股数有关，在不同的位置时都应满足起码的通行要求，如图 6–6 所示。

纵向过道的设置与每排相连座位的数目有关。行深 750~800mm 且两面有通道时，每排相连的座位不宜超过 26 个；当仅有一侧有纵向过道时，座位数目应减半。在规定每排座椅数目时还必须要考虑到，坐在最里面的观众在疏散时能够迅速地到达通道，并便于观众平时出入。

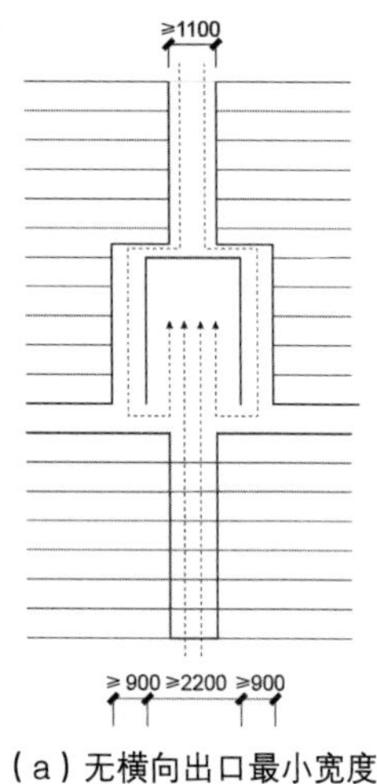

（a）无横向出口最小宽度

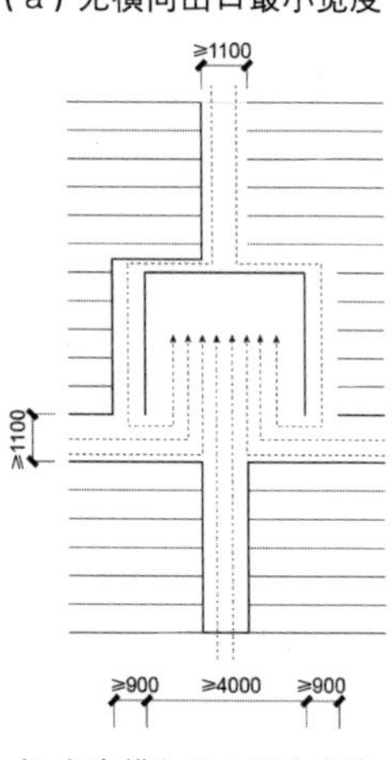

（b）有横向出口最小宽度

图 6–6　疏散通道宽度（单位：mm）

2. 横向过道

横向过道的宽度应与它所汇集的人流股数相等，但不能窄于两股人流的宽度即 1100mm。横向通道的设置便于观众寻找座位，而且能够调节各个出入口的疏散量，达到均匀迅速地疏散人流，但横向过道的设置会给前排观众的视线进行产生一定的遮挡，且为了让横向过道后最前排观众的视线不被遮挡，则必须提高最前排看台高度，从而使整个看台的坡度变陡、总高增加，还会使横向过道后的观众视距加长，视觉质量降低。

在一般的大中型体育馆中，有必要设置横向过道，还可以结合平面布局的情况，使局部横向过道来代替整圈的横向过道。一般小型体育馆不必在看台中部设置横向过道。可以利用比赛厅外的门厅、休息连廊来与辅助用房进行连接，也可以在看台最后面布置一圈横向过道，如长沙体育馆。尽量避免观众席第一排前面布置过道，否则会既增加跨度，又造成遮挡。

6.3.4　停车与交通设计

1. 停车场设计

体育馆有不同的使用人群，设计停车时应注意结合不同的流线进行分区设计，具体可以分为以下六种停车区域：普通观众、贵宾、运动员、新闻媒体、赛事管理和场馆运营。不同的专用停车区应结合相应的出入口临近设置。

普通观众停车区按照比赛厅观众席数量设置，每 100 座配 3 个停车位。运动员专用停车场需考虑为参赛队伍准备 2~6 个大型车泊位；其他类型的专用停车场应根据场馆规模、赛事等级、比赛需求预留专用车位。停车位的数量，在实际的建筑设计中要参考项目所在地的规范以及业主方的需求进行调整。另外，停车场还应设置无障碍专用停车位和无障碍设施，并符合相关无障碍设计规范。

2. 停车方式分类

基地内体育场馆与停车场的布置关系通常有以下几种：位于场馆一侧、半包围场馆、包围场馆、单独设置、位于场馆地下及位于附属用房地下。

体育场馆的停车方式可以大致分为三种：地面停车场、地下停车库、机械式机动车停车库。体育馆的停车方式以地面停车最为常见，也有部分采取地下停车，地下停车及机械式停车较为少见。地面停车场停车位面积采用 25~30m^2，地下停车库停车位面积宜采用 30~40m^2，机械式机动车停车库停车位面积宜采用 15~25m^2。

三种停车方式各有优缺点，体育馆应结合区位因素及自身的建设条件，选择组合的停车方式，而不仅仅局限于某一种停车方式。如地面停车与地下停车结合，引导观众部分使用地下停车，运动员、工作人员等使用地面专用停车场，既达到分流目的，又避免了大片地面停车场难与环境协调。另外还有与城市公共停车相结合的方式，满足赛时、非赛时不同阶段人流对停车的需求。对于比赛场馆来说，由于赛时的安保要求等，地下停车在赛时通常难以使用，可以根据实际需求在设计时多考虑地面停车设计。

6.4 无障碍设计

6.4.1 体育场馆无障碍设计原则

我国有 8500 多万残疾人，2.5 亿 60 岁以上老年人，失能、半失能老年人达到 4000 万。此外，还有孕妇、儿童等很多有需要的人应该享有无障碍环境带来的安全、便利、舒适和自如。其实，无障碍设计与每一个人都息息相关。

体育场馆作为竞技体育和全民健身的重要大型公共建筑，在设计时应该让无障碍环境建设满足个体的使用便捷，保证老人、儿童、听障、肢障等人群的使用效率和安全。无障碍设计是一个综合系统，只有相对完整的无障碍设计才能运行良好。现行的无障碍系统通常只是保证了无障碍设计的基本标准，在许多细节方面，设计者应该更多地从使用者角度出发，参考更多的国内、国际优秀无障碍设计案例，营造系统、舒适的无障碍环境。体育场馆的无障碍设计应遵循可及性、安全性、便利性的原则。

1. 可及性

可及性主要是指体育场馆的使用空间对于不同的个体应尽量可操作、可到达。体育设施应当尽量考虑让行动不便的人有使用的可能；看台设计中应考虑设置残障人士观赛的区域，并尽可能提供辅助；体育建筑中的交通空间、各卫生设施和功能空间应当尽量通过无障碍设计使残障人群可达；体育场馆中需要操作的设施，如电梯、卫浴等应对于坐姿或视障使用者提供合适的空间尺度、操作按键和明确的视觉指引。

2. 安全性

场馆无障碍设计的安全性主要包括日常使用的安全性和紧急情况下的疏散安全。日常设施使用的安全性要尽量保护障碍使用者免受伤害。比如，是否能尽量保证无障碍通道中一侧有高差的位置设置栏杆，在无障碍通路中不出现垃圾桶、广告牌等障碍物，出入口尽量保证零高差。紧急情况下的安全性一般是要在传统逃生路线基础上考虑到障碍人士的安全，障碍人士通常需要在辅助人员协助下逃生。有时，在无障碍座席和疏散设计中，也可以设置单独的出入口以保护障碍人士。

3. 便利性

便利性是需要考虑到不同人群使用设备、到达目的地的便捷程度。比如无障碍落客区、停车位是否靠近场馆出入口；交通流线中的盲道设置是否合理；辅助空间如售票处、餐厅等位置的设计是否考虑到障碍人士使用的便利性等。

6.4.2　体育场馆无障碍设计要点

体育场馆的无障碍设计主要包括了无障碍交通系统、无障碍功能用房设计、无障碍标识系统等（表 6–3）。其中，无障碍座席布置、视线设计以及无障碍运动设施的设计是体育场馆无障碍设计中区别于其他建筑类型的地方，需要特别注意。

体育场馆无障碍设计要点　　表 6–3

	无障碍设计内容	无障碍设计要点
无障碍交通系统	室外交通	抵达、进场交通；室外通行道路；坡道
	停车车位	无障碍停车位尺寸、数量
	建筑出入口	场馆出入口通行与回转；门厅设计
	门	门的类型、尺度、门把手的设置方式
	公共走道	水平通道；无障碍疏散通道；坡道；扶手
	楼电梯	楼梯踏步；电梯尺度、按键；升降平台
无障碍功能用房	看台	不同区域的无障碍观看席位；视线设计；陪护区；无障碍席位的可达性
	厕所	卫生设施位置、数量、尺度
	更衣淋浴	更衣淋浴设施数量、位置、安全性
	其他设施、辅助用房	售票台；服务台；取款机；公用电话；休息室；餐饮区无障碍设计等
无障碍标识系统	无障碍标识	国际通用无障碍标识、警示

1. 无障碍交通系统

体育场馆的无障碍交通系统包含了室外场地交通的无障碍设计和场馆内部的无障碍交通。设计内容包括抵达和离开的交通、无障碍停车位、无障碍出入口以及无障碍公共走道、楼电梯等。无障碍交通系统设计的细节应参考无障碍设计规范、图集。

室外交通包括了公共交通和私人交通。应当在场馆规划时考虑残疾人通过公共交通出行抵达场馆的便利与安全，靠近场地出入口的公共交通站点应符合无障碍设计要求，在出入口处应设置港湾式出租车无障碍优先候车区。同时应当保证上下车的位置不阻碍正常人或者其他交通的通行，小客车上客和落客区至少留有 2.4m × 8m 的通道（图 6–7a）。

体育场馆在停车场设计时必须提供专用的无障碍机动停车位（图 6–7b），并尽可能将其设置在通行方便，离出入口较近的位置。

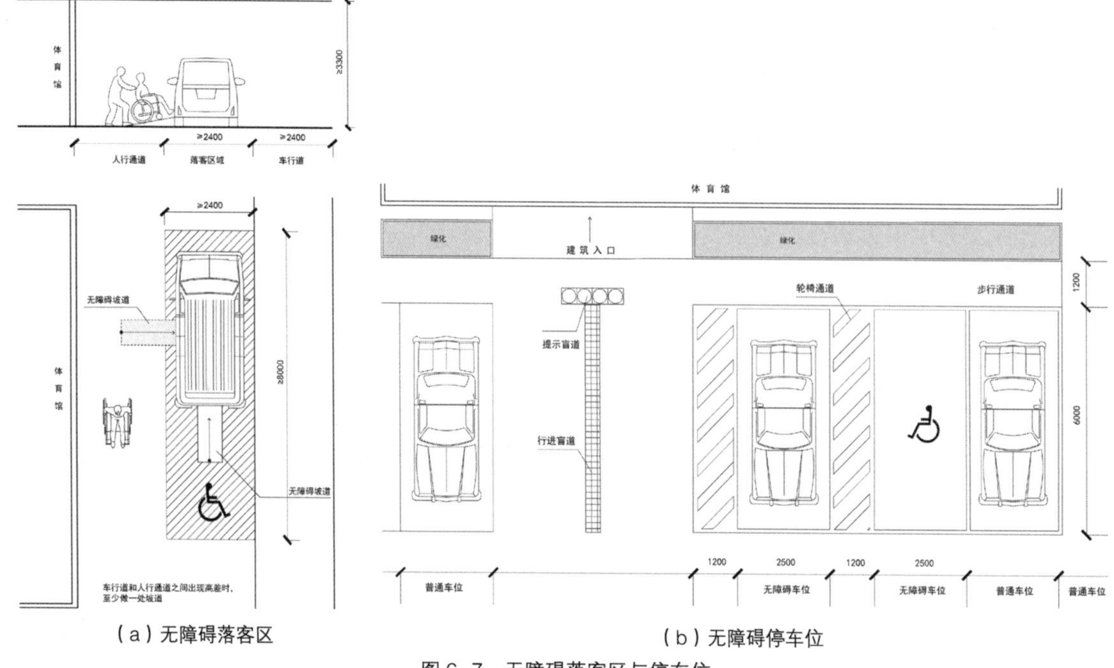

（a）无障碍落客区

（b）无障碍停车位

图 6-7　无障碍落客区与停车位

无障碍停车位数量应有保障，我国规范规定应设置不少于总停车数 2% 的残疾人固定停车位，且不少于 2 个车位。

体育场馆的疏散特点是短时间内人流量大，当紧急情况发生时应保证行动不便者安全快速离场。在设计无障碍出入口时可适当与场馆主要出入口分离。无障碍出入口在条件允许的情况下应尽量使用自动门，尽量不设置十字旋转门以方便轮椅、导盲犬进出。出入口地面应保证零高差，若必须设置门槛，高度也不应过高。出入口地面应使用防滑材料。出入口的门应保证足够的通行宽度（图 6-8），门把手应保证合理高度，且门前应留有足够的缓冲空间（图 6-9）。此外，电梯与楼梯的设计也应满足无障碍设计规范，楼梯应有同一高度的梯面和统一深度的踏面，踏步起点和终点前应设置提示盲道。

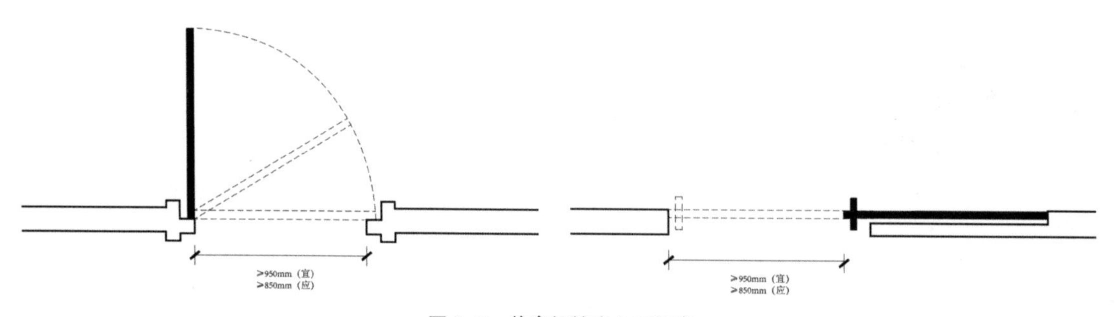

图 6-8　体育场馆出入口门宽

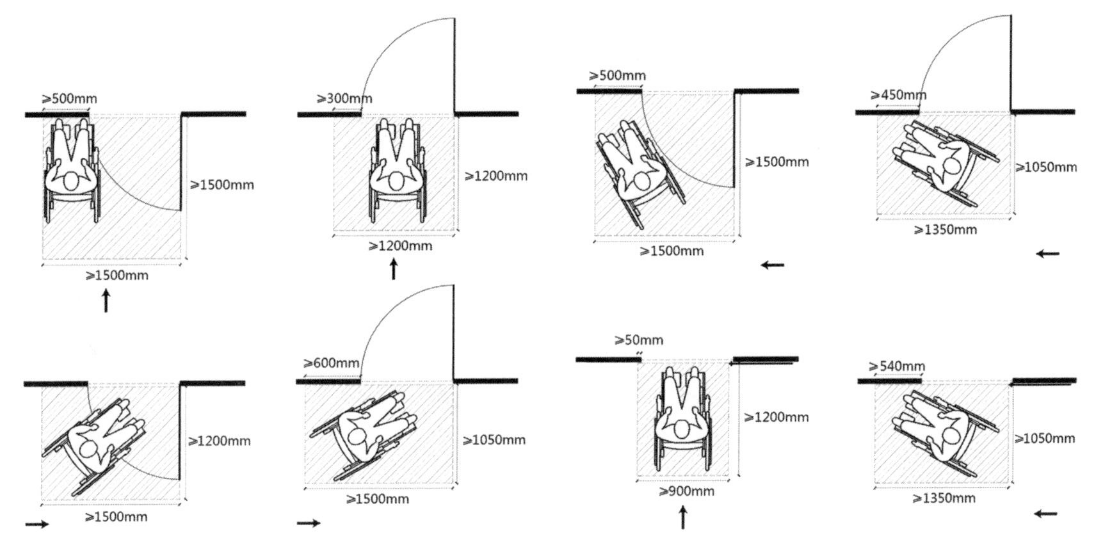

图 6–9　出入口无障碍缓冲区

2. 无障碍功能用房

无障碍座席应尽量遍布看台不同区域，丰富障碍人士选座的可能，且尽量布置在每排尽端靠近疏散口的位置，便于出入与抵达。无障碍座席应容易进入并留有适当的陪护空间。无障碍座席空间大小为 1100mm × 800mm，与标准轮椅尺寸一致，但通常会加宽以允许为陪护人员放置一个可移动座椅（图 6–10）。数量方面，新建场馆在设计时必须包含无障碍座席区，在符合规范标准的同时，最好结合当地残疾人组织的建议和情况适当增加或调整（表 6–4）。我国标准规定轮椅席位不小于总座位数的 0.2%，国际残奥会规定轮椅席位不小于总座位数的 1%。无障碍座席的视线设计需要特别考虑，考虑视线升高差 C 值时至少应包含前排有站立观众的高度。由于坐轮椅者的头部可能比正常人坐下时头部高 40~60mm，因此位于后排的残疾人座席需适当调整高度（图 6–11a），当无障碍座席位于中间排时，需要考虑无障碍座席对前后排的遮挡，座席排深 T 和座席升起高度 N 都应有适当增加（图 6–11b）。当无障碍座席位于场地首排时，遮挡最小，对于观赏最为有利（图 6–11c），但需要特别注意无障碍座席位于首排时的便捷性与安全性。

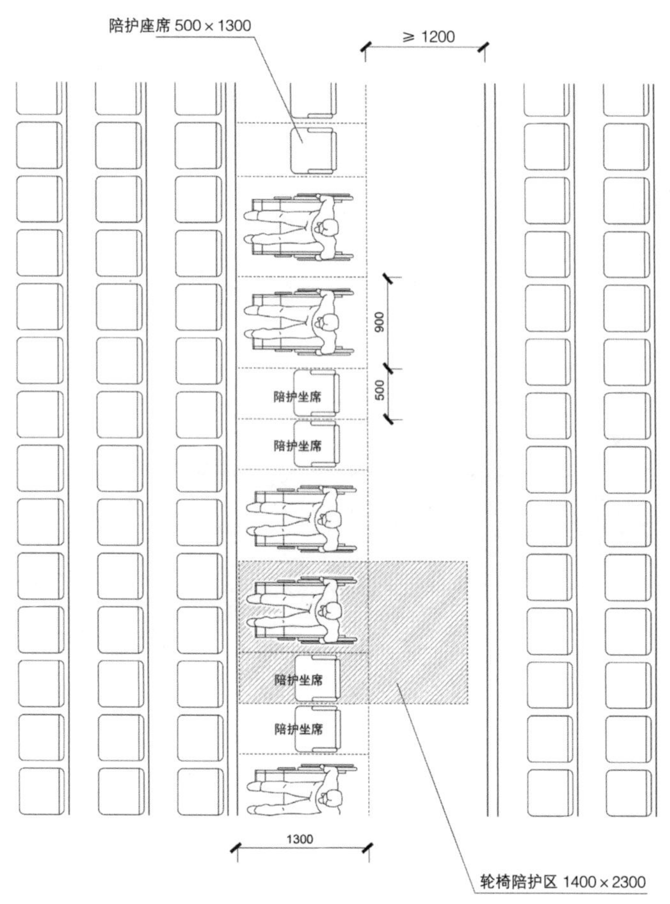

图 6-10　无障碍座席区（mm）

各国体育馆无障碍座席数　　表 6-4

<table>
<tr><th>场馆规模（座席）</th><th>美国</th><th>英国</th><th>中国台湾</th><th>澳大利亚</th><th>中国大陆地区</th></tr>
<tr><td>51~150</td><td>4 个</td><td rowspan="5">最少 6 个或 1%</td><td>2 个</td><td>3 个</td><td rowspan="8">大于等于 0.2%</td></tr>
<tr><td>151~300</td><td>4 个</td><td>3 个</td><td rowspan="4">800 以下每 50 人增加 1 个座位，800 以上每 150 人增加 1 个座位</td></tr>
<tr><td>301~500</td><td>6 个</td><td>4 个</td></tr>
<tr><td>501~1000</td><td rowspan="5">6+（每增加 100 人，增加一个无障碍座席）</td><td rowspan="5">4+（每增加 100 人增加 1 个座位）</td></tr>
<tr><td>1001~10000</td></tr>
<tr><td>10001~20000</td><td>100+（每增加 1000 人增加 5 个座位）</td><td rowspan="3">108+（每增加 200 人增加 1 个座位）</td></tr>
<tr><td>20001~40000</td><td>150+（每增加 1000 人增加 3 个座位）</td></tr>
<tr><td>40000 以上</td><td>210+（每增加 1000 人增加 3 个座位）</td></tr>
</table>

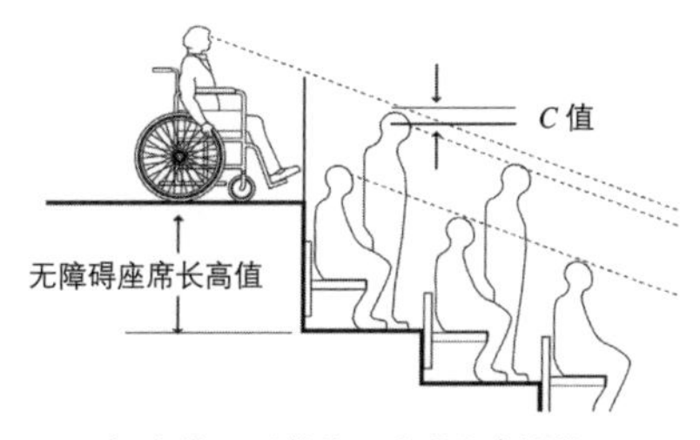

（a）位于后排的无障碍座席视线

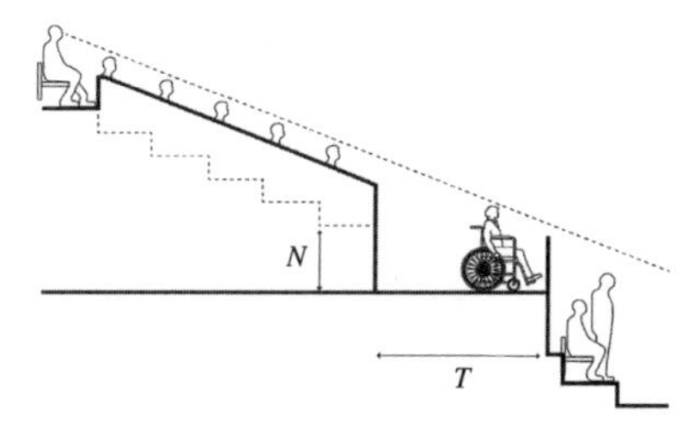

（b）位于中间排的无障碍座席视线

（c）位于首排的无障碍座席视线

图 6–11　无障碍座席视线

不同国家对于无障碍卫生间的数量和要求都各不相同。在体育场馆周围应遍布无障碍卫生间，并尽可能在残疾人座席附近，设置明显标识，卫生间最好设置于无障碍通路的可到达之处，便于残疾人使用。我国《无障碍设计规范》GB 50763—2012 规定观众区、运动员区和贵宾区至少各设置一个无障碍卫生间。在设计时还应当考虑卫生间空间大小和设施设置。在数量设置方面应考虑无障碍人群使用洗手间的时间，尤其是在高峰期提供足够的数量。每套卫生间建议提供两种无障碍卫生间形式：①友好厕位。在每个性别的洗手间内至少提供一个无障碍的厕位和洗手台，除为残疾人使用外，还可以有足够的空间作为亲子厕位。②无障碍洗手间。可设置男女皆宜的设施，使用独立隔间的形式。

无障碍更淋区域需要考虑使用的安全性，因为即便是正常人也很容易在此区域发生危险。无障碍更淋区既可以设置在普通更淋区域之中，也可以单独设置成无性别之分的独立隔间，使用流线避免交错。位置一般要位于无障碍通路便利可达之处，通常更衣和淋浴是直接相邻的，并尽可能为使用者提供相对私密的空间。淋浴间可设有活动座椅以便选择乘坐洗澡用轮椅者直接进入，或移位至座椅式淋浴间。

此外，就餐区、自动贩售机等的设置都应考虑轮椅人群和儿童使用，新闻播报和媒体应为听觉或视觉受损者提供相应的服务。

3. 无障碍标识

应尽量使用易于辨识的无障碍国际通用标识系统，同一场馆的无障碍标识设计应当尽量保持统一，场馆的引导标识系统还应该考虑视、听障碍和理解力较弱的人群理解。

6.5 案例分析

6.5.1 案例一：石景山体育馆

石景山体育馆是 1990 年北京亚运会的一座新建中型体育馆，比赛馆面积 8430m^2，观众席 3000 座，是北京亚运会摔跤比赛馆（图 6-12）。石景山体育馆的基地面积仅为 1.6ha 左右，十分有限，是国内首次采用下沉式布局设计的体育馆。场馆充分考虑赛后运营，采用非对称布局，并设置活动看台以更好地适应文艺演出和集会需求。

1. 场馆出入口设置

场馆设置多个出入口，包括观众出入口，工作人员出入口，运动员出入口，贵宾出入口以及无障碍出入口。所有出入口均设置在一层（图 6-13）。

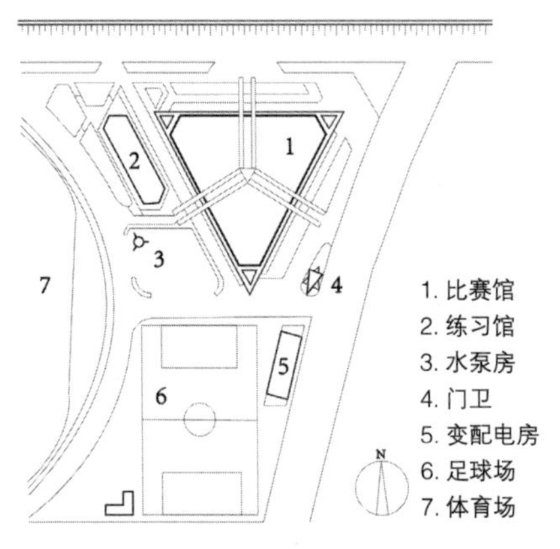

图 6-12　石景山体育馆总平面

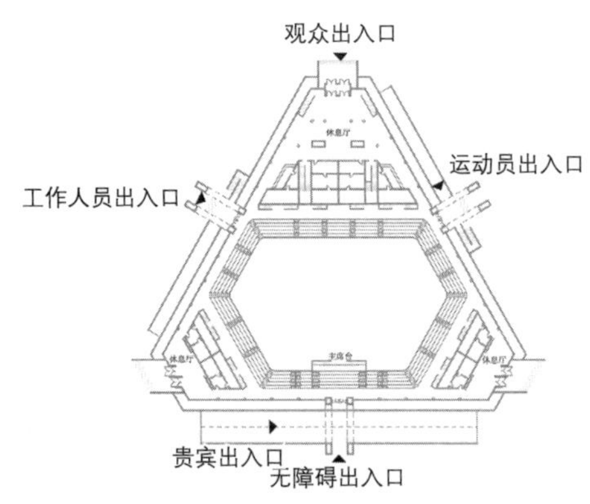

图 6-13　石景山体育馆出入口设置

2. 疏散设计

场馆将观众疏散放在优先位置，采用下沉式中行疏散方式，观众的行走路线最短，疏散后直接抵达室外首层（图 6-14）。

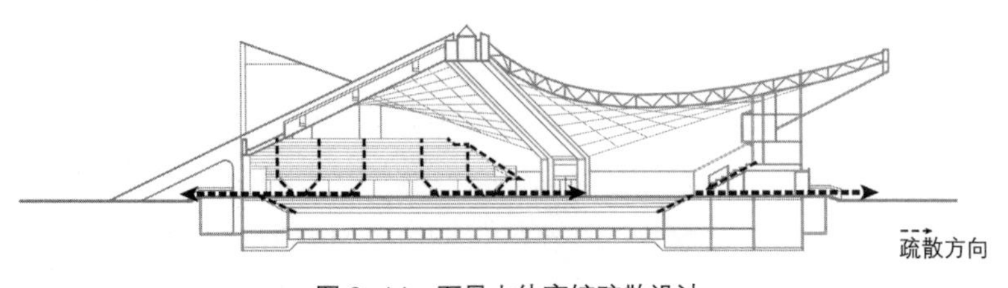

图 6-14　石景山体育馆疏散设计

6.5.2　案例二：江门滨江新城体育中心

江门滨江新城体育中心位于广东省江门市，体育馆座席为 8569 座，其中固定座席 6659 个，活动座席 1910 个。在设计上，它既能满足省运会的比赛使用要求，又能满足赛后各种文艺演出、展览的需求，是一座面向社会的“多功能综合性体育馆”。

下面将从场馆流线设计、出入口设置、疏散设计三个方面来进行案例说明。

1. 场馆流线设计

体育馆包括以下七种流线：观众流线、贵宾流线、运动员流线、赛事管理流线、场馆运营流线、新闻媒体流线、安保流线（图 6–15）。

（1）观众流线

观众通过体育馆的二层平台经安检进入到二层的环形观众大厅，厅内设有安保、公共卫生间、设备间等。观众经大厅进入比赛大厅，通过阶梯分别进入池座和落座看台。

（2）贵宾流线

贵宾官员经体育馆北侧贵宾入口进入贵宾接待区，区内有休息区和 VIP 接待室。贵宾官员经过专用电梯进入二层的贵宾休息区，从休息区可直接进入主席台，也可经由专用通道便捷到达比赛场地，不受观众和媒体流线的影响。

（3）运动员流线

运动员流线运动区单独设置在场馆的西侧，有供运动员休息和训练以及医疗服务的配套设施。运动员出入赛场不受其他人员干扰。运动员区设置完善的功能用房，包括休息室、更衣室、医疗室、检查室、健身房等。

（4）赛事管理流线

赛事管理中心通过场馆东南侧的专用入口进入赛事管理工作区，避免其他人员的干扰。赛事管理中心包括：计时计分及现场成绩处理机房、体育竞赛综合信息管理办公室、仲裁录像用房、裁判委员会室、仲裁委员会室、裁判工作室、赛事监管、裁判更衣室、裁判休息室和成绩复印室等。

（5）场馆运营流线

场馆运营入口位于场馆南侧，场馆运营区包括办公和设备用房，紧邻入口处设置体育器材存放室，并留有专用通道运送器材，车辆直接把体育器材运送到运动场地。

（6）新闻媒体流线

新闻媒体工作人员通过体育馆东北侧的专门入口进入新闻媒体工作区，流线与运动员和贵宾明显分开。区内配有完善的新闻发布厅、文字记者工作室、媒体接待大厅、媒体休息室、设备机房等。

（7）安保流线

安保工作人员在现场安保指挥中心控制系统，接收、传达安保总指挥的命令，进行现场指挥，部署警力。现场安保指挥系统设置在一个独立的区域，功能用房临近比赛场地，能方便监控整个体育馆的情况，便于应付突发事件。

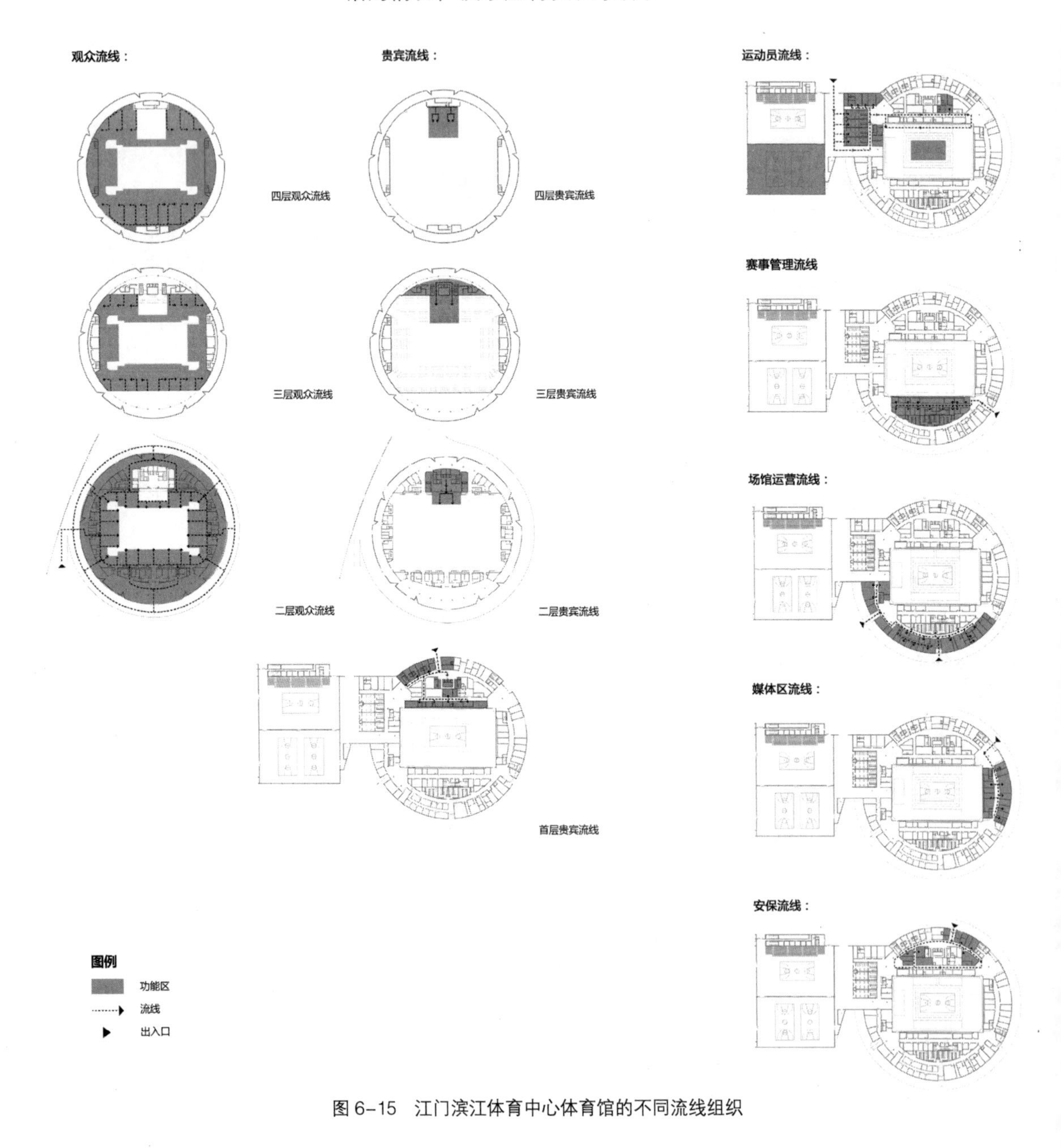

图 6-15　江门滨江体育中心体育馆的不同流线组织

2. 出入口设置

场地设置了多个人行、车行出入口，在建筑周围设置不同人员使用的停车场，并利用周边地块设置观众地下停车场。体育馆有多个出入口，观众出入口设置在二层，观众均通过体育馆的二层平台进入体育馆内，其他出入口均设置在一层（图 6–16）。

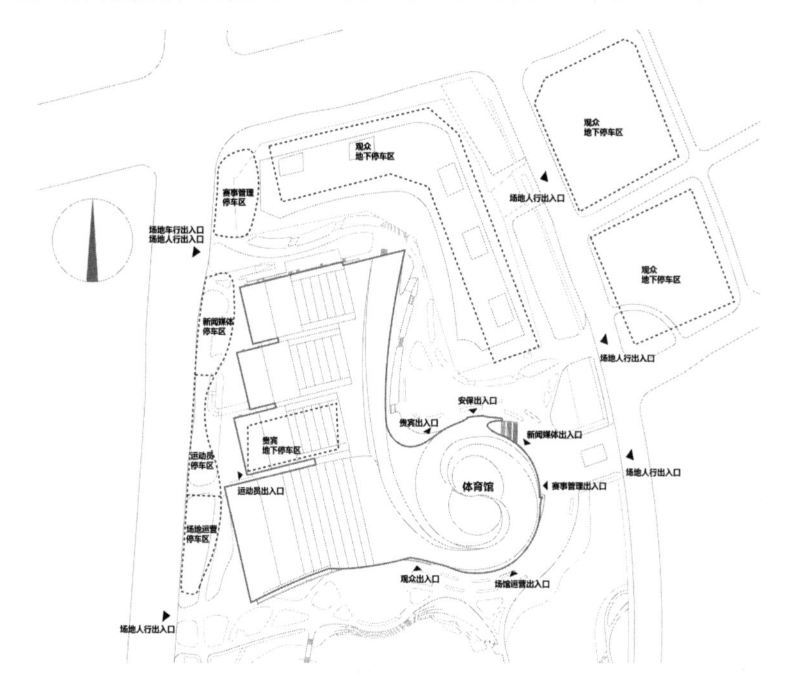

图 6–16　江门滨江体育中心的出入口设置

3. 疏散设计

采用中行疏散的方式，这种疏散方式可以缩小疏散距离，有利于缩短疏散时间。楼座及下部池座、活动看台均通过走廊、过厅及室外平台后再通过大台阶向广场疏散，这样可以缩短疏散距离，节省疏散时间（图 6–17）。

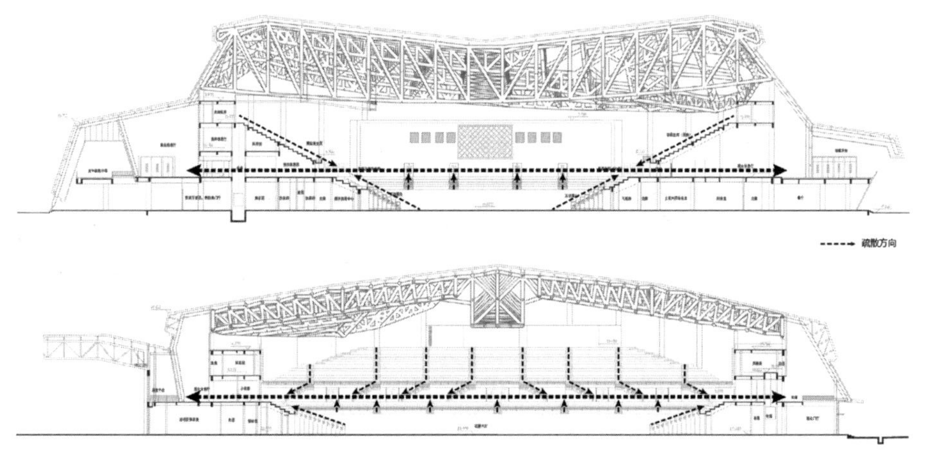

图 6–17　江门滨江体育中心的疏散设计

第 7 章　体育馆的相关物理性能

7.1　体育馆的声学设计

7.1.1　体育馆声学特点与设计原则

1. 体育馆声学特点

体育馆的比赛厅，除了要满足观众的视觉观赏需求外，还应保证观众具有良好的听觉效果。目前体育馆兼做群众集会、文艺演出等多功能使用，因此，做好体育馆比赛厅的声学设计以适应观众的听觉要求至关重要。

体育比赛需要一定的场地净高，因为观众多且观众席围绕比赛场地布置，有着较高的视觉质量要求，因此体育馆的形态普遍为高空间、大跨度。体育馆比赛厅空间容积很大，结构上常常使用壳体、拱式屋盖等，剖面呈现曲面。这些特征使声音反射路径长、易产生回声与声聚焦等声学缺陷。图 7–1 说明了体育馆常见的两种声源位置和声缺陷，一方面，是以扬声器作为声源时，来自屋顶的声聚焦和来自墙面的回声；另一方面，以场地区的活动为声源，来自屋顶的回声和声聚焦。

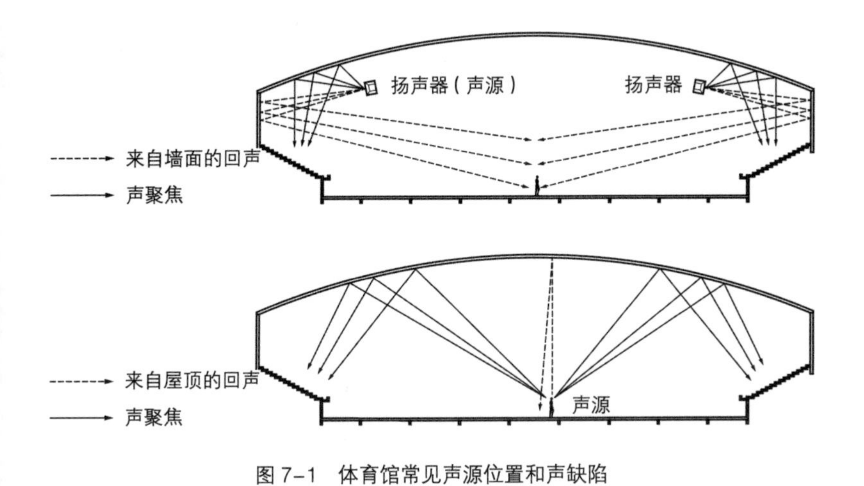

图 7-1　体育馆常见声源位置和声缺陷

2. 体育馆声学设计原则

对于一个可以满足多功能使用要求的比赛厅，应达到以下五点声学要求：

- 语言清晰——即保证体育比赛、集会以及文艺演出活动现场广播时声音清晰。
- 声音响度适当——适当的响度不仅可以保证语言的清晰度，也可以保证文艺演出活动的音质要求。
- 声场分布均匀——以比赛厅内声场不均匀度作为衡量指标，它表示了厅内各点之间的声压级差值。
- 无回声、声聚焦等声学缺陷——这些缺陷的出现将大大降低语言的清晰度，干扰正常听音的效果。
- 噪声控制——使噪声降低到不干扰听闻的程度。

在以上五项基本要求中，语言的清晰度主要取决于比赛厅混响时间的长短，较短的混响时间有利于语言清晰，但缩短混响时间意味着需要使用比较多的吸声材料，从而提高了建筑造价。同时从文艺演出对声学的要求角度考虑，比赛厅内混响时间也不宜过短。此外，电声系统中的扬声器布置不当也会造成声音不清晰。适当的响度与均匀的声场主要依靠正确地选择与布置电声系统，此外也与比赛厅形体的选择、空间的大小及室内吸声材料的分布有关。比赛厅内是否会产生回声、颤动回声以及声聚焦等声学缺陷，则主要取决于大厅形体选择与相应处理措施是否得当。

总的来说，体育馆声学设计原则应该控制混响时间、尽量消除声音缺陷、在允许的部位合理的布置吸声材料与吸声构造。比赛厅的声学质量固然与电声系统的质量有关，但系统的布置（特别是扬声器的布置）以及比赛厅建筑设计有关的建筑声学处理措施同样起到了重要作用。

7.1.2 比赛厅的声学设计

体育馆比赛厅声学设计主要包括混响设计、与声学质量相关的比赛厅形体设计优化、噪声控制与电声设计四部分。

1. 混响时间指标与计算方法

（1）混响时间和推荐设计值

根据我国现行标准——《体育场馆声学设计及测量规程》JCJ/T 131—2012 和《体育建筑设计规范》JGJ 31—2003 J 265—2003，多功能体育馆比赛厅的中频满场混响时间参考表 7–1，游泳馆比赛厅中频满场混响时间参照表 7–2。

综合体育馆比赛大厅满场中频（500~1000Hz）混响时间　表 7–1

比赛大厅容积（m^3）	＜ 40000	40000~80000
混响时间（s）	1.3~1.4	1.4~1.6

游泳馆比赛厅满场中频（500~1000Hz）混响时间　表 7–2

每座容积（m^3/ 座）	≤ 25	>25
混响时间（s）	≤ 2.0	≤ 2.5

在关于混响时间计算公式的演进方面，各个时期的公式都有其各自的客观前提与理论基础。根据工程实践经验以及对公式准确性与方便性的权衡，现普遍采用如下公式：

$$T_{60}=\frac{0.161V}{-S\ln\ (1-\overline{\alpha})+4mV}$$

【T_{60} = 混响时间（S），V——房间容积（m^3），S——室内总表

面积（m^2），$\overline{\alpha}$——所有表面积的平均吸声系数，m——声音在空气中的衰减系数（m^{-1}）】从计算公式中可以看出，室内混响时间与房间容积成正比，与室内的吸声量成反比。

根据大量主客观调查和统计分析，已经提出了适合不同使用要求的大厅的“最佳混响时间”作为推荐设计指标，该指标一般以频率为 500~1000Hz 为代表，按照不同使用要求，其他 125、250、2000、4000Hz 的混响时间应与 500~1000Hz 成一定比例，见表 7–3。

各频率混响时间相对于中频混响时间比值　　表 7–3

频率（Hz）	125	250	2000	4000
比值	1.0 ~ 1.3	1.0 ~ 1.2	0.9 ~ 1.0	0.8 ~ 1.0

（2）每座容积控制

根据混响时间计算公式可以看出，室内混响时间取决于房间容积与室内总吸声量之比。在总吸声量中，观众的吸收所占比例较大，一般可达 1/2 至 2/3。如果适当控制房间容积 V 与观众人数 N 之比，就可以在相当程度上控制了混响时间。因此，在设计中常采用每座容积作为指标（m^3/ 人）。

实践证明，按照比赛厅的规模，大厅的每座容积控制在 6~10m^3/ 人范围内，在顶棚和墙面上布置一定数量的吸声材料，一般可使混响时间达到使用要求（即 T=1.5~2.0s）。每座容积过大会给声学处理带来困难，增加造价。

（3）比赛厅混响时间的设计步骤

比赛大厅混响时间设计包括确定混响时间，选择室内吸声材料及施工过程中的测试与调整等环节，以达到与预期目标混响时间一致或接近。其主要步骤见图 7–2。

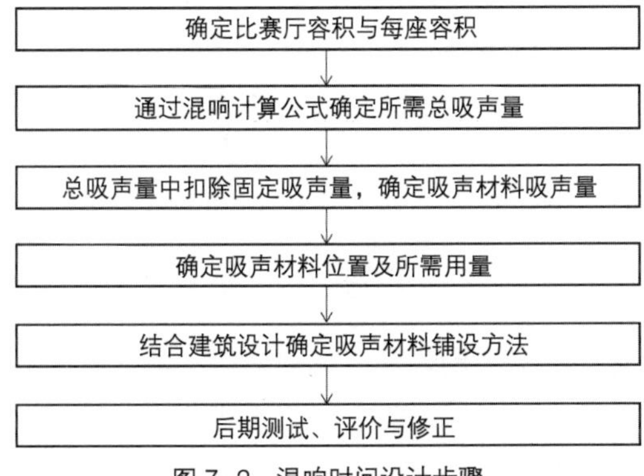

图 7–2　混响时间设计步骤

（4）吸声材料的选择和布置

室内总吸声量包括了室内表面材料和观众（空场时为座椅）的吸收以及空气吸收（低于 2000Hz 可忽略不计）。在设计中，可根据所选定的最佳混响时间和比赛厅容积，利用前述混响时间计算公式，推算出需要的总吸声量，从中减去室内的固定吸声量（包括观众、座椅、地面和某些不能布置吸声材料的表面）即可确定需要由布置吸声材料来提供的吸声量。由于吸声量为材料面积与吸声系数的乘积，即可选择适当的吸声材料并确定所需面积。根据比赛厅容积大、需要吸声量大的特性，应选择吸声性能强的材料，此外，材料应具有重量轻、防火、易于施工的特点。

如表 7-4 所示，目前吸声材料和吸声结构种类多样，按照其吸声原理可大体分为多孔吸声材料、共振吸声结构和兼有两者特点的复合吸声结构。多孔吸声材料多采用超细玻璃棉、岩棉、聚氨酯泡沫塑料等，其主要吸收中高频声音。共振吸声结构包括了穿孔板吸声结构、薄板吸声结构、薄膜吸声结构等，其主要吸收中低频声音。复合吸声结构包括了空间吸声体、吸声尖劈等，吸声效果较好。

在比赛厅中，侧墙面积较少。当墙面上采用侧窗采光时，可供布置吸声材料的面积很有限，因此一般充分利用大面积的天花布置强吸声材料。共振吸声结构则应充分利用侧墙和天花四周部分。天花的声学处理办法应综合考虑结构选型、设备系统布置、采光与照明形式以及室内建筑空间体验等多种因素，一般有以下几种做法：

（1）大面积吸声吊顶

其做法是沿屋架或网架下弦做大面积吸声吊顶，投资较大。由于吊顶以上的空间被分隔，在计算比赛厅混响时间时，可只计吊顶以下的容积，因此可适当降低每座容积。但因天花完全被吊顶封闭，故只能使用人工照明或侧窗采光，现较少采用。

（2）吸声屋面

大部分体育馆使用金属屋面结构，不设吊顶。因为体育馆屋面可以覆盖全场，所以将整个屋面设计成吸声屋面，可以有效地控制大厅的混响时间和消除声缺陷。同时屋面系统还应具有隔声功能，包括防止雨噪声的功能。因此在设计金属屋面系统时，应该同时考虑其吸声和隔声两项功能，两者不能混为一体，必须分为隔声层和吸声层两个部分。

（3）空间吸声体

将吸声材料与结构制作成一定的形状，悬吊在建筑空间中，就构成空间吸声体。空间吸声体有两个或两个以上的面接触声波，从而充分利用了吸声材料的吸声性能，因此其吸声效率较高，也节约

吸声材料及特性　　　　表 7–4

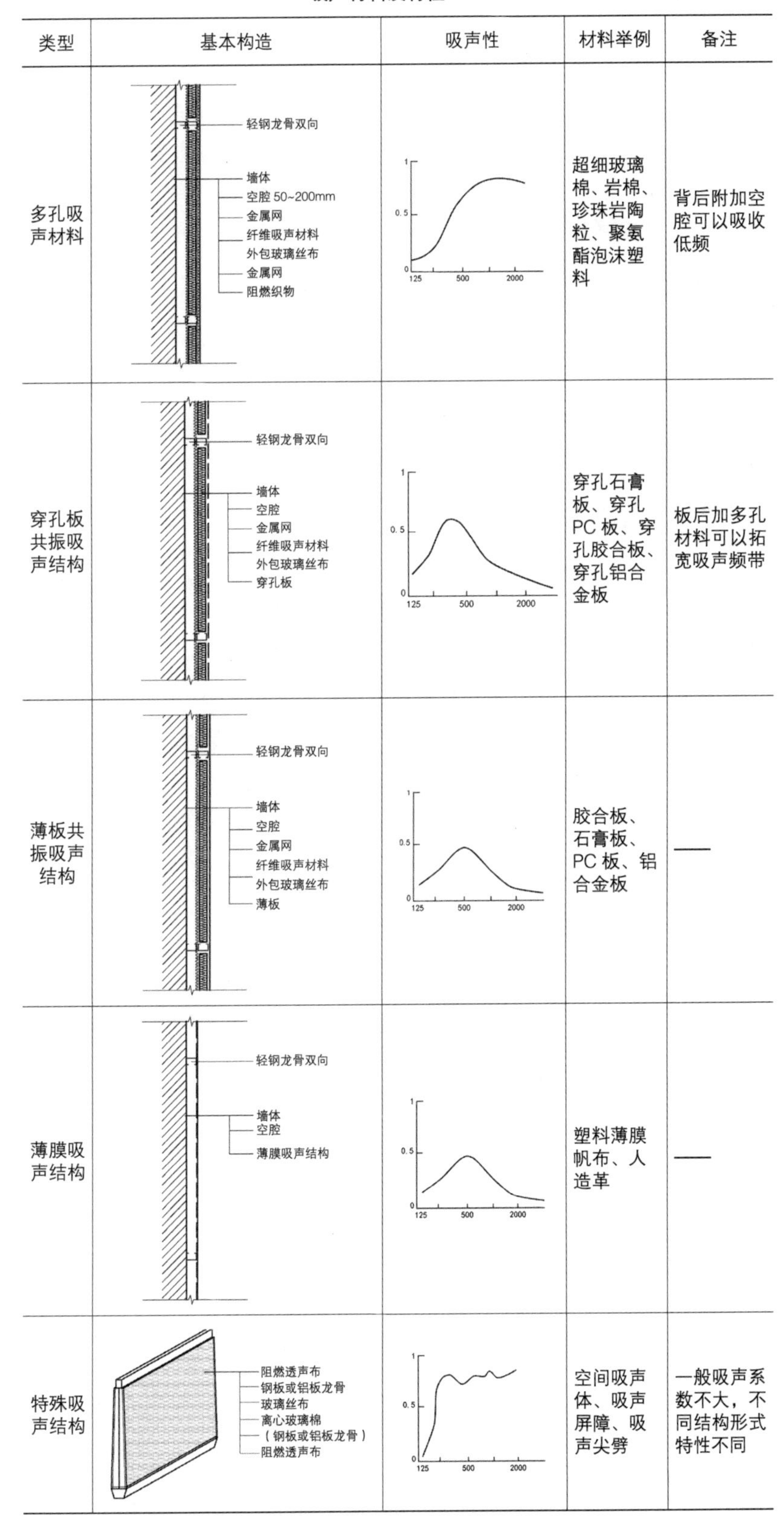

类型	基本构造	吸声性	材料举例	备注
多孔吸声材料	轻钢龙骨双向；墙体；空腔 50~200mm；金属网；纤维吸声材料；外包玻璃丝布；金属网；阻燃织物	1；0.5；0；125；500；2000	超细玻璃棉、岩棉、珍珠岩陶粒、聚氨酯泡沫塑料	背后附加空腔可以吸收低频
穿孔板共振吸声结构	轻钢龙骨双向；墙体；空腔；金属网；纤维吸声材料；外包玻璃丝布；穿孔板	1；0.5；0；125；500；2000	穿孔石膏板、穿孔 PC 板、穿孔胶合板、穿孔铝合金板	板后加多孔材料可以拓宽吸声频带
薄板共振吸声结构	轻钢龙骨双向；墙体；空腔；金属网；纤维吸声材料；外包玻璃丝布；薄板	1；0.5；0；125；500；2000	胶合板、石膏板、PC 板、铝合金板	—
薄膜吸声结构	轻钢龙骨双向；墙体；空腔；薄膜吸声结构	1；0.5；0；125；500；2000	塑料薄膜帆布、人造革	—
特殊吸声结构	阻燃透声布；钢板或铝板龙骨；玻璃丝布；离心玻璃棉；（钢板或铝板龙骨）；阻燃透声布	1；0.5；0；125；500；2000	空间吸声体、吸声屏障、吸声尖劈	一般吸声系数不大，不同结构形式特性不同

了吸声材料的用量。此外空间吸声体可预制，具有便于现场施工吊装与后期改造等优点。

由于在计算容积时一般不计入位于吸声体以上的空间，为了充分发挥空间吸声体的声学效果，应在保证大厅具有足够的使用净空高度的前提下，尽量压缩比赛厅容积。因此，这种方案比较适用于容积不大的中小型体育馆。在一些采用壳顶或拱顶结构的体育馆中，空间吸声体可起到既可吸声又可扩散声波的作用，可在一定程度上克服声聚焦、回声等声学缺陷。

2. 体育馆的噪声控制

体育馆作为体育活动的场所，应注意避免受到噪声干扰。同时，体育馆本身作为噪声源，有可能会干扰周边声环境，因此体育馆也需要进行减噪处理。体育场馆在噪声控制方面主要应注意空调系统噪声控制。

首先，在体育馆选址方面应注意与集中居民区的关系，可考虑在体育馆的周围设置绿化隔离带。体育馆的空调系统具有风量大、管道体积大的特点，机械运作和气流运动产生的噪声是影响比赛厅正常使用的主要因素。针对噪声通过空气和固体传声的两种主要途径，需要采用消声、隔声隔振等多种控制措施。在消声方面可采用在送风与回风系统中安装消声器的措施；在隔声隔振方面，应尽量将噪声设备按功能集中布置，同时做好机房墙体与楼板的隔声设计，设备应做基础减震处理。

3. 体育馆的电声设计

体育馆电声设计较为复杂，一般需要专业人员配合建筑团队承担设计工作。

电声设计对比赛厅声学质量的直接影响主要在于扬声器布置，其布置方式应与室内空间设计、屋盖顶棚设计等方面相结合。

扩声机房是与电声设计直接相关的场馆辅助用房。在扩声机房布置方面，当工作人员在其间工作时，视线应能够覆盖比赛场地、裁判座席等重要位置，并应注意相应的吸声处理。

7.2 自然采光与体育馆照明质量

7.2.1 体育馆室内光环境评价标准

体育场馆进行室内光环境设计时应区分比赛厅和辅助用房。比赛厅对于室内光环境的需求可以分为日常模式和比赛模式两种。日常模式包括了训练、全民健身等，对光环境的要求相对较低；赛时使用则需要满足竞技运动、观众观看以及电视转播等多种需求，对室内光环境要求相对较高。对于辅助用房来说，并没有特殊的要求，满足规范即可，但应注意尽可能地增加日常使用中自然采光所占的比重。体育馆室内光环境的评价标准主要包括了适宜的照度，合理的水平和垂直均匀度，眩光控制和较好的显色性几个方面。在设计中，应当注意区分不同使用模式的光环境需求，尽量增加自然采光，同时设计标准应当满足《建筑采光设计标准》GB 50033—2013、《建筑照明设计标准》GB 50034—2013 以及《体育场馆照明设计及检测标准》JGJ 153—2016 等相关规范。

1. 照度（Illuminance）

表面上一点的照度（E，水平照度为 E_h，垂直照度为 E_v）是指入射在包含该点面元上的光通量（dϕ）除以该面元面积（dA）的商，单位为勒克斯（lx）。多功能体育馆室内常进行的活动包括网球、篮球、排球、羽毛球、乒乓球、体操、手球、拳击、柔道、摔跤、场地自行车和举重等等。根据我国《体育场馆照明设计及检测标准》JGJ 153—2016，在无电视转播的要求下，一般体育训练及娱乐活动照度标准值应不低于 300lx（拳击要求为 500lx），一般业余比赛和专业训练要求应不低于 500lx，另据国际体育联合会的规定，一般运动体能训练需要达到的最低值 150lx，非比赛和娱乐时需要达到最低照度值为 300lx。对于羽毛球、篮球这些需要利用空间高度的运动，根据这些运动的特征，对场地上方空间的照度也有一定要求。乒乓球的比赛训练，还要求室内光线柔和，有较好的水平照度和垂直照度。

2. 照度均匀度（Uniformity of Illuminance）

照度均匀度是指规定表面上的最小照度与最大照度之比，及最小照度与平均照度之比。照度均匀度的数学表达式为：

$U_1=E_{min}/E_{max}$（最小照度与最大照度之比），

$U_2=E_{min}/E_{ave}$（最小照度与水平照度之比）

【E_{min}——最小照度；E_{max}——最大照度；E_{ave}——平均照度】

国际体育联合会在颁布的多功能室内体育场馆人工照明指南中，也对各项运动的照明标准做出了规定（表 7–5）。体育馆场地照明的照度值为参考平面上的使用照度值（E_h）对于体育运动来说，良好的照度均匀度可以避免视觉疲劳，也影响着比赛和训练效果。

体育建筑照度标准值 表 7-5

运动项目	照度		照度均匀度			
	E_h		U_1		U_2	
	体能训练	非比赛、娱乐活动	体能训练	非比赛、娱乐活动	体能训练	非比赛、娱乐活动
网球	150lx	500/400lx	0.4	0.4/0.3	0.6	0.5/0.5
篮球排球	150lx	300lx	0.4	0.4	—	—
羽毛球	150lx	300/250lx	0.4	0.4	0.6	0.6
乒乓球	150lx	300lx	0.4	0.4	0.6	0.6
体操	150lx	300lx	0.4	0.4	0.6	0.6
手球	150lx	300lx	0.4	0.4	0.6	0.6
拳击	150lx	500lx	0.4	0.5	0.6	0.7
柔道	150lx	500lx	0.4	0.5	0.6	0.7
举重	150lx	300lx	0.4	0.4	0.6	0.6
场地自行车	150lx	300lx	0.4	0.4	0.6	0.6

3. 眩光（Glare）

在球类运动中，根据球类的大小、运动对象运动幅度的大小，对光照的要求不同（图 7-3）。大球如篮排球运动速度较快、高度大，因此要求在场地上部一段区域内没有高亮度的光源。小球如乒乓球、台球则具有运动速度快、球类较小的特征，因此对低空区域的光环境要求较高，光线应尽量柔和，地面不得有明显的反光影响球员的判断。而网球和羽毛球不仅球较小，且运动速度快、幅度大，所以在球网附近及球网上空 7m 以内都不得有明暗光斑。体育馆内的眩光主要分为两种，一种是直接眩光，由顶界面或侧界面直接的采光口产生，对利用空间高度的运动会有较大影响。另一种是反射眩光，由光滑的墙面或者地面反射进入运动员或者观众视野内，对利用低空间为主的运动有直接影响。针对反射眩光，可以从地板和墙面材料的选择入手，选择较为柔和的非光面材料。针对直射眩光，在建筑形体设计上，应综合开窗位置和视线分析以及遮阳措施共同来控制眩光的产生（表 7-6）。

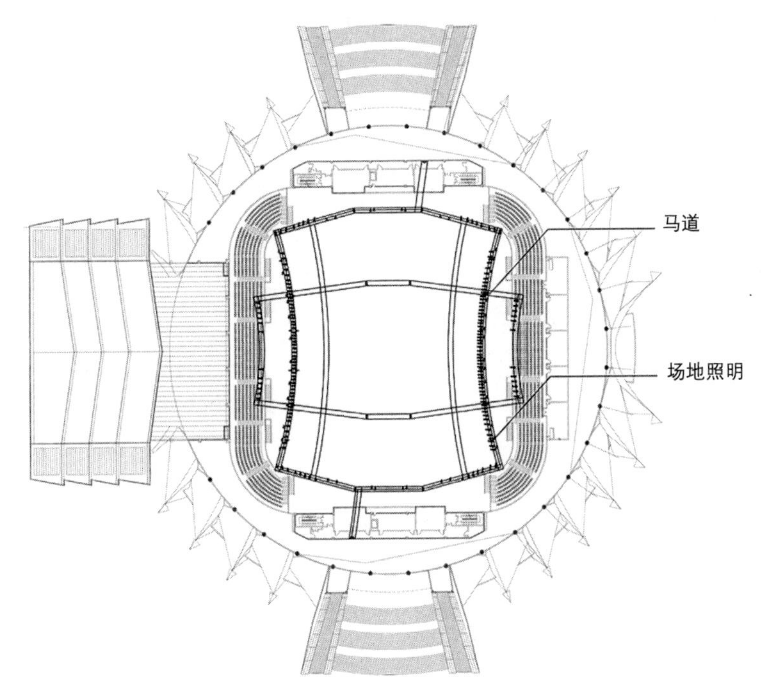

图 7-3　淮安体育中心场地照明设计

各类运动时对光线的要求　　表 7-6

运动项目	训练和娱乐活动	业余比赛、专业训练	专业比赛	TV 转播国家、国际比赛	TV 转播重大国际比赛	HDTV 转播重大国际比赛	空间利用特征	对光环境要求
篮球	300lx	500lx	750lx	1000lx	1400lx	2000lx	利用空间为主，视线经常向上，需考虑避免眩光	照度、均匀度提出了较高要求的同时，也要求顶棚反射率不小于 60%，最好达到 80%
排球	300lx	500lx	750lx	1000lx	1400lx	2000lx	利用空间为主，视线经常向上，需考虑避免眩光	在场地上方一段空间内也应有一定的亮度和较高的均匀度；在场地球网的上空不应有高亮度的光源
羽毛球	300lx	750 /500lx	1000 /750lx	1000 /750lx	1400 /1000lx	2000 /1400lx	利用空间为主，视线经常向上，需考虑避免眩光	球网上空至少 7m 高度内不应产生明暗光斑。羽毛球运动场所的墙面和顶棚的反射率应满足下列要求：后墙为 20%，侧墙为 40%~60%，顶棚为 60%~70%，墙面不应有花纹和图案
乒乓球	300lx	500lx	1000lx	1000lx	1400lx	2000lx	在 3 米以内的空间进行，视线以向下为主，应注意避免反射眩光	要求光线柔和，四周要有强烈的对比度，场地不得有明显的反光，要求在背景的衬托下能够看清球的整个飞行途径，要有较高的垂直照度和水平照度

资料来源：根据体育建筑设计资料及体育建筑照明设计资料整理

7.2.2 体育馆自然采光设计

室内体育活动对于光环境的要求，使得人工照明耗电量成为众多体育馆日常运营成本的主要部分之一，除了一些特定的体育活动项目外，体育馆日常运行在大多数时候允许引入自然采光，因而增加自然采光是实现体育馆节能降耗的重要途径。

自然光线可以提高室内光环境质量，改善室内活动人员的心理感受，这些是人工照明无法取代的。但与此同时，体育项目在赛时对于光环境有着严格的要求，在这种情况下，自然采光又需要被合理控制。对于自然采光来说，设计目标应是达到照度和照度均匀度标准，并避免眩光的产生，同时需考虑采光的遮蔽与模式转换。

1. 比赛厅自然采光

过去，受限于设计理念、构造与材料等技术问题，很多体育馆在设计时并没有考虑自然采光，有些体育馆则将采光顶封闭，形成一个个“黑盒子”。如果自然采光运用不当，则同样会造成眩光，以及由于过高的辐射热带来的室内冷负荷过高的问题。因此，在进行体育馆建筑设计的时候，应当进行恰当的自然采光设计。在体育馆比赛厅引入自然采光的同时应该与体育馆的多功能利用相结合，设置与之匹配的、灵活适应的采光策略，选择合适的采光构造和材料，并根据体育馆所处气候区位的环境特征进行合理的遮阳设计。首先，是体育馆采光方式选择。当前，主要的体育馆自然采光设计模式主要有顶面采光以及侧面采光两种（表 7-7）。

顶部采光具有采光效率高、室内照度分布较为均匀、能避免直接眩光、空间氛围良好的优点，是体育馆采光较理想的采光形式。体育馆的顶部采光设计一般可以采用如下几种方式（表 7-8）：

（1）在体育馆屋顶界面上直接增加采光口或者采光带使得顶部界面变得开敞，从而达到自然采光的效果。

（2）利用结构单元组合产生接缝位置开设天窗。

（3）利用屋面的高差错落形成天窗，同时可以形成一定的韵律感。

由此形成的天窗形态可以呈现点状、带状和面状的采光区域，不同的采光窗形态也有相应的优劣，应结合实际情况选择。同时，为了避免顶部采光产生的眩光问题，需要对天窗的材料进行选择，或者增设垂直的反射板，并且使用可以均匀反射光线的墙面材料，增加室内光照的均匀度。

自然采光方式和采光策略分析　　表 7–7

自然采光方式			应用特点	案例
顶面自然采光	顶向天窗	直接在屋面上开启采光窗或采光带	采光效率高，照度均匀，但应注意天窗遮蔽和节点防水处理	江苏盐城市体育中心 北京工业大学体育馆 广州亚运会武术馆
	北向天窗	结合屋面结构和造型，使室内光线经过折射后到达室内	结合屋面结构和造型，采光效率高，但应注意光线均匀性	巴塞罗那篮球馆 中国农业大学体育馆 北京朝阳体育馆 江苏吴江体育馆 淮安体育中心体育馆 广东奥林匹克游泳跳水馆
	透射顶棚	采用透光性好的膜结构、阳光板，形成整体采光	光效亮度均匀，避免强烈的亮度反差造成眩光，但应结合这样隔热措施，避免能耗过大	佛山世纪莲游泳馆 广州新体育馆
侧面自然采光	侧窗	在侧向界面上开启高侧窗、落地窗等采光口	侧窗采光的照度沿进深方向下降很快，分布不均匀，因而适用于小进深空间	广州大学体育馆 广东药学院体育馆
	开放侧向界面	在侧向采用大面积落地玻璃将室外光线直接引入	将室外景观引入室内，对观众区域光环境改善效果大，但应避免过分明亮造成眩光和逆自然光区域座席的光污染	德国 Inzell 速滑馆 慕尼黑奥林匹克中心游泳馆

体育馆屋面自然采光设计开窗方式及典型案例　　表 7–8

开窗方式	案例	屋面简图	室内场景
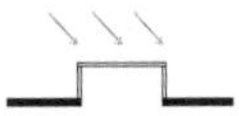	吉林冰球馆	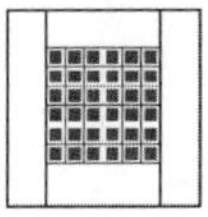	
	惠州体育馆	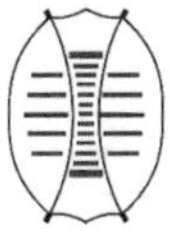	
	朝阳体育馆		
	石景山体育馆	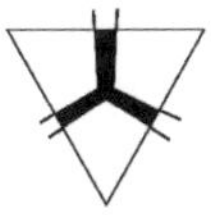	
	哈尔滨工业大学体育馆	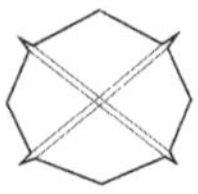	
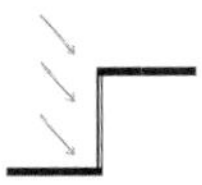	中山体育馆	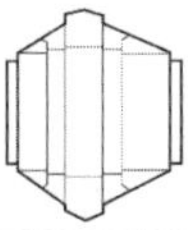	
	陕西汉中体育馆	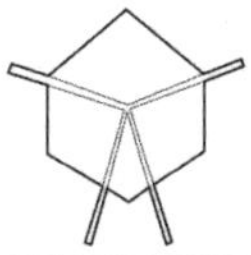	

侧窗采光的形式在体育馆的设计中运用较为普遍。主要分为高侧窗和低侧窗采光（表 7–9），高侧窗采光较为均匀，不容易产生眩光，但是可开窗面积一般较小，室内通常照度不足。低侧窗采光满足人们运动时希望与室外环境也有交流的心理感，但是低侧窗布置在东西向，在上午和下午都容易有直射光进入，采光口附近的照度远远高于其他地方，再加上体育馆一般进深较大，所以体育馆内采光均匀度较差，场中央的照度容易不足。所以应当结合遮光材料的使用进行遮阳设计。在对采光要求不高的训练时打开遮光帘，在正式比赛中遮蔽起来。

除了通过设置采光窗进行自然采光外，还可以通过一些主动采光技术的设计应用实现对自然光线积极有效的控制，使之满足照明需求。目前常见的技术有反射板、光导管等。其中，反射板是通过反射装置将自然光线反射到室内需要采光的区域，这样可以有效避免眩光的影响，提高照度均匀度。光导管则是通过光导管装置将室外自然光线传导至场馆内部，可以一定程度上跨越距离的限制（图 7–4）。

（a）导光管

（b）北京科技大学体育馆室内导光管照明系统

图 7–4　导光管与应用案例

侧窗采光利弊分析　　表 7–9

采光方式	单侧	双侧	低侧窗	高侧窗
剖面图示				
优点	易于实现	光线充足，均匀度较好，易实现	便于开启、清洁及维修管理	光线易于达到中间区域，均匀度较好
缺点	窗户一侧照度过高，均匀度不理想	无明显缺点	侧面亮，中间暗，容易产生眩光	开启、清洁、维修管理相对不便

2. 辅助空间自然采光

体育馆的赛时辅助用房通常包括赛事管理用房、运动员和贵宾的休息室等，日常运营时则为运营管理、办公甚至是经营出租用房。这些用房经常被布置在平台底下，但由于体育馆的平台通常进深大，这给平台底部辅助用房的采光造成一定困难。实践中许多场馆未考虑这些辅助用房的采光问题，直接影响了日常使用的舒适性，并造成人工照明耗电量的上涨。如图 7–5 所示，在实际设计中，应通过优化平面布局，尽量使辅助用房至少有一面墙具备开窗条件。对于平台进深较小的设计，可以利用外立面开窗或者增设高侧窗的方式直接采光，而进深较大的平台，则可以利用天窗的设置，为底部空间引入自然光。也可以考虑通过置入采光天井或者庭院的方式解决辅助用房采光问题。

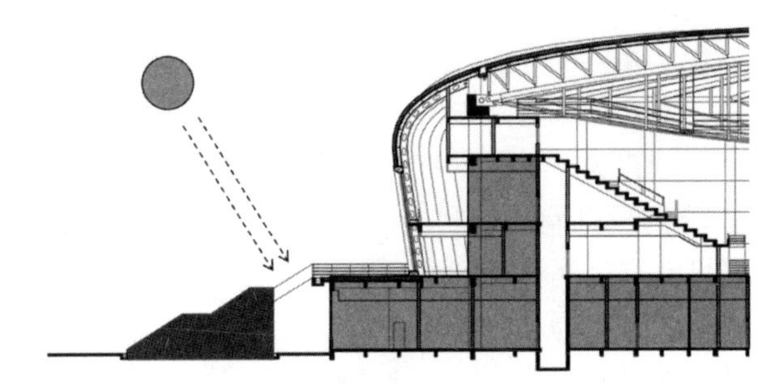

图 7–5　南沙体育馆辅助空间采光

7.3 体育馆通风设计与室内热环境

7.3.1 体育馆的通风问题

体育馆在比赛或举办其他大型活动时，有大量的观众集中，产热量很大，且人呼出的二氧化碳和水蒸气也会使室内空气变得浑浊。为保证运动员与观众的身体健康与舒适度，体育馆建筑设计必须考虑采取有效的通风措施。

体育馆所需通风量的大小，主要由观众人数、室外气候环境、建筑外围护结构的保温隔热能力以及馆内空间的大小（即每座容积）等因素决定。除了换气的要求之外，体育馆内各种比赛项目对场地风速也有不同的要求，通常篮球、排球等大球项目比赛时场内风速不大于 0.5m/s，乒乓球、羽毛球等小球项目比赛时场内风速不大于 0.2m/s，这些在通风设计时也要加以考虑。

体育馆通风方式主要为自然通风、机械通风与机械辅助式自然通风三种。除了羽毛球、乒乓球和滑冰等特定的体育比赛对室内风环境有特别的要求之外，体育场馆在日常运营条件下是允许自然通风的。

1. 自然通风

自然通风是指不借助机械动力，依靠自然驱动促使空气流动从而实现建筑室内外空气交换的一种通风方式。自然通风受室内外气候环境、建筑形式和高度以及开窗位置、形状、大小的影响。自然通风包括风压通风和热压通风两种基本形式（图 7–4）。

风压通风是当风吹到建筑物上时，在迎风面上，由于空气流动受阻，风的一部分动能变为静压，因此在建筑迎风面上的压力大于大气压，形成正压区域。反之建筑的背风面在气流流动过程中形成空气稀薄现象，形成负压。风压通风即是利用两者之间的压力差，使空气由正压区向负压区流动。这一过程中，室外风速和风向、建筑物几何形状、建筑物与风向之间的夹角均会对通风效果产生影响。

为了取得较好的风压通风效果，在建筑设计中首先注意应使建筑浅进深方向尽量平行于夏季主导风向，此外，风的投射角也会影响通风效率。室内气流的分布（流向）主要由进气口的位置、大小、形式决定。一般来说，排气口在中央、气流直通，对室内气流分布较为有利，若把开口偏向一侧或设在侧墙上，就将气流导向一侧，室内部分区域会产生涡流现象。

热压通风的原理是借助室内空气在垂直方向上，由于温度差的存在引起的空气流动，这一作用通常被称为“烟囱效应”。室内温度较高的空气由于膨胀而密度降低，向上浮起，在顶部形成负压区，反之温度较高的空气在底部形成正压区。当建筑顶部和底部存在开口时，温度较高的空气从顶部出风口排出，带动室内空气向上流动，并不断地将室外新风通过建筑底部开口吸入室内，从而形成室内自然通风。

一般情况下，“烟囱效应”的强度与进出风口的高差、室内外空气温度差和室外空气流动速度有关，三者越大则造成室内热压通风效应也越明显。但热压通风不一定是由下而上的流动，也可能是其他方向，这由冷热压差的分布场决定。相比于风压通风，热压通风受到外部风条件的影响较小，对于室外风速不大的地区，热压通风可起到良好通风效果。此外，空气含湿量增大会造成对通风动力需求的增加，空气越干燥则越有利于提高通风风速。因此，干热气候区和温和气候区，热压通风具有较高的自然通风潜力。

风压通风和热压通风也可以相结合使用，但当两者同时运用时要注意避免两者作用的相互削弱，这特别需要对外部气候和建筑自身的通风条件做充分评估。通常情况下，对建筑进深浅、层高低的部分，如办公辅助用房，采用风压通风为主，而进深大、空间高的部分，如体育馆比赛厅，采用热压通风为主（图 7–6）。

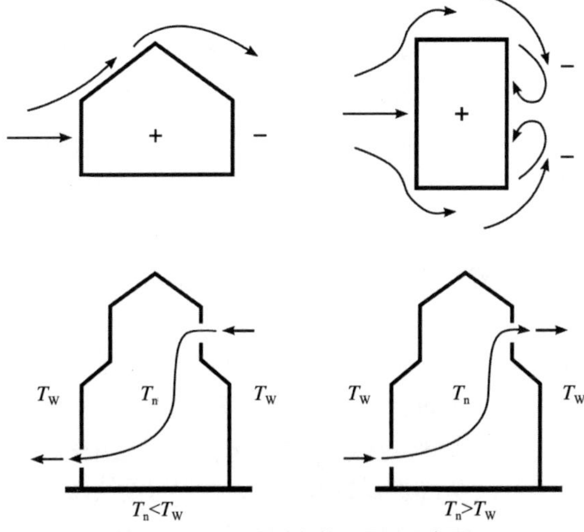

图7–6　风压通风与热压通风示意图

2. 机械通风

机械通风可主要分为三种类型：①使用通风设备排气而依靠自然进气，在体育馆中常用于卫生间以排出臭气。②使用通风设备送入一定量新鲜空气而靠自然排气，有些体育馆利用地道冷风吹入比赛厅降温。③进、排气都用通风设备控制，室内空气的温湿度可以人工调节。

在当今体育馆日常运行中，机械通风被广泛采用，在建筑设计中要考虑通风及空调机房的布置。

3. 机械辅助自然通风

对于体育馆，或者如会展中心、商业综合体、地下车库等大型室内空间，由于通风路径过长以及空气流动阻力增大，单纯依靠风压和热压无法形成足够的通风动力，或者由于避免室外空气污染和噪声干扰等原因，不宜通过开窗进行直接的自然通风，可采用一定的机械设备进行辅助，以加强和改善通风效果。例如，对于大空间的室内空间，借助大空间由于高差引起的热压通风动力，同时进行进风口机械送风的加强和出风口机械排风的辅助，优化自然通风效果。有助于减少空调开放的时间，对于节能降耗的意义重大。

7.3.2　体育馆的通风设计

在体育馆的通风设计方面，自然通风与机械通风均为设计考虑的重点。自然通风的作用主要体现在两个方面：一是利用自然通风控制室内空气品质；二是利用自然通风解决夏季或过渡季的热舒适性问题。对于竞技性体育建筑，因必须采用机械通风设备，设计的重点是对机械通风进行优化，应用能量回收技术，降低能耗等策略。同时，考虑到竞赛使用需要，也应当进行自然通风设计。对于多功能体育馆，应首先考虑采取“自然风为主、机械通风为辅”的基本策略，以降低运营成本，提高场馆综合效益。在体育馆自然通风方面，可采用以下总体设计策略：

分析并利用建筑所处环境的总体特征——根据不同季节和昼夜温差的特征进行通风设计。比如，不同的季节对于通风需求不同，冬季应该在满足基本空气品质的基础上尽可能减少自然通风，其他季节需要加强自然通风。利用昼、夜不同的环境条件，如在夏季的傍晚和夜间，室温高于室外，采取措施扩大自然通风量，带走体育建筑内部的热量，同时可降低建筑整体温度。此外，还可以分析建筑周围的微气候环境，利用水面、树林等建筑周边风环境条件对进入室内的自然风进行温湿度干预。

形态设计策略——设置“通风塔”，或通过调整进排风口垂直高差强化建筑热压通风。此外，建筑可以充分利用穿堂风，增加通风窗面积，设局部庭院引入自然风等设计手法强化自然通风（图 7–7）。

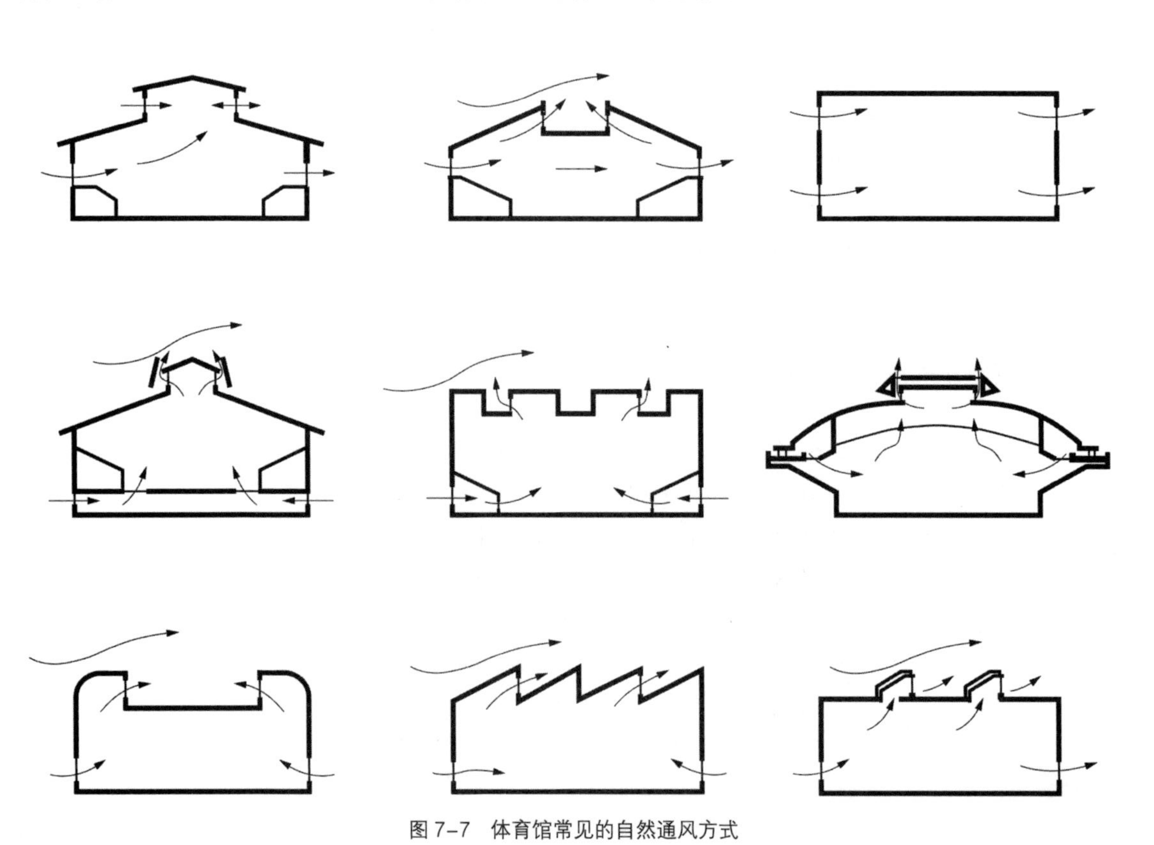

图 7–7　体育馆常见的自然通风方式

第 8 章　体育建筑的绿色发展展望

与其他类型的建筑相比，体育场馆的大跨度结构和大空间体量对技术设计和施工水平提出了更高的要求，往往成为同一时代最高建筑技术的代表之一，同时由于大量混凝土和钢材的消耗、大型结构和复杂设备系统的投入，大幅拉高其建设成本，也使得体育场馆往往成为一个城市最为昂贵的建设工程之一。

8.1　注重全过程的可持续设计

建筑可持续不仅取决于设备系统的节能，更为重要的是生命周期的节能设计。需要从前期立项开始进行科学决策，在设计过程中进行综合性能优化，才能达到运行节能和从“出生”到“摇篮”生命周期的可持续。

在项目建设前期，体育建筑决策应明确建设目标，制定建设计划，涉及定位、规模、投资、运营、功能和技术的各个方面，这一过程有利于确保项目的建设过程和良好效益，决策的成果不仅面向规划管理，而且面向建筑设计和运营。一方面，作为城市大型公共建筑和公共投资项目，体育建筑决策涉及体育设施选址、用地、交通和城市公共空间体系，也关系到政府财政和社会资金的投资回报效益问题，对城市空间格局、社会经济效益有着重要影响。另一方面，决策环节的场馆规模定位、建设标准、运营策划等研究，作为规划和建筑设计的依据，对建筑场馆

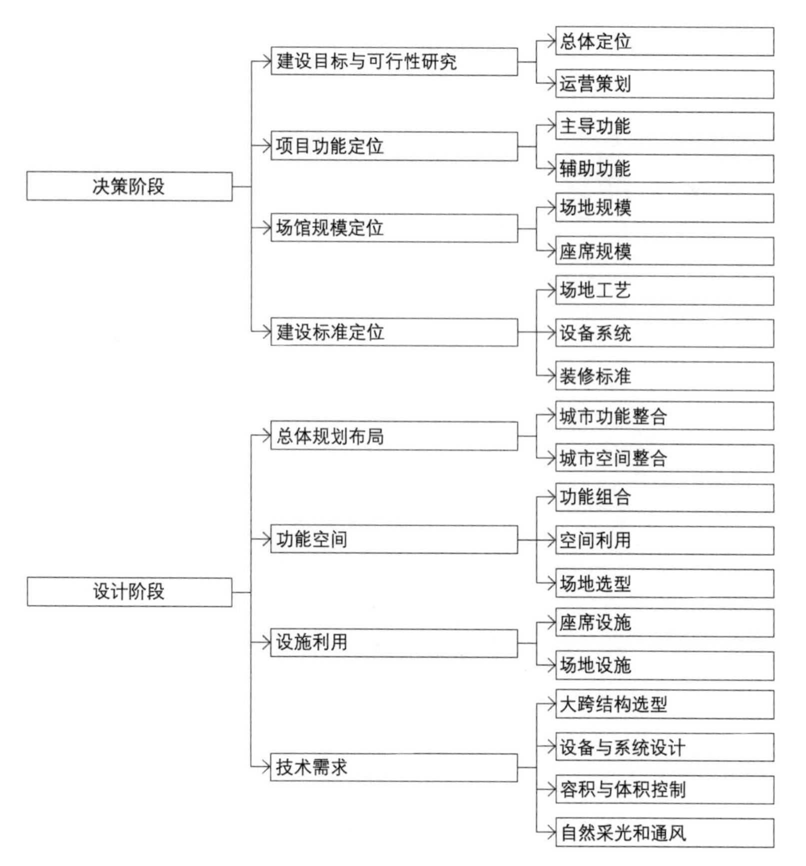

图 8-1　体育建筑全过程设计要素

建设有着直接把控，影响甚至决定了场馆建造和运营的可持续性（图 8-1）。

体育建筑建设特别需要从“全过程”研究可持续性，从决策阶段充分考虑场馆建设和运营，在设计阶段进行精明设计，才能在合理控制场馆建设成本的情况下，保证长期的可持续性运营。而其中，建设初始环节决策的科学性，在一定程度上决定了可持续目标是否能够达成，因而成为可持续设计策略研究的关键。

8.2　注重体育建筑与城市环境的关系

体育建筑是城市功能和空间的重要组成部分，由于其自身功能和形态的特殊性，对城市整体功能和空间形态有重要影响。体育建筑的健康运转是城市可持续发展的有机组成部分，城市整体也为实现体育场馆的可持续发展提供外部条件的保证。体育建筑不是城市建筑形态的主角，而是空间和城市公共活动的载体。

探讨体育建筑对城市区域与街区的影响，应该强调体育设施应注意与城市空间环境的协调性和匹配度，尝试建立与室外环境影响相关联的科学分析程序，建立与建设强度、交通模式相关联的科学分析与设计方法。从功能整合和空间整合两方面优化体育建筑设计方法策略。所谓“整体环境”与“城市理性”，是基于将城市作为整体考虑，城市建筑在整体格局下担当不同的角色作用，即作为日常的建筑和作为丰碑的庆典、殿堂建筑。对于体育建筑而言，仅仅作为丰碑式建筑的单一思维，导致了体育建筑在中国成为充满遗憾的殿堂，远离了城市日常生活。体育场馆由于其自身形态和功能的特殊性，对城市整体环境的空间体系、功能布局和交通组织等都有重要影响。

我们无法否认体育建筑在城市中的纪念性意义，作为殿堂的体育建筑有着极其重要的精神作用，而伴随着庆典般的赛事，其精神意义更加显著。然而，现代体育是植根于日常生活的，过分强调体育建筑的纪念性，甚至因此排斥体育日常性需求的结果将导致城市公共生活场所的缺失。

当今中国的体育建筑主要是由政府主导、公共投资建设，即便是缘起于大型运动会的殿堂性活动，赛后依然要面对日常需求与运行，这不仅仅是体育设施利用率的问题，本质上是公共建设的价值观问题。在设计中巧妙区分体育建筑的不同角色、身份，将直接影响设施的使用、居民的生活、公共利益与公共投入的公平性。只有将体育建筑的建设决策与城市空间相关联，才会更加符合城市公共利益。

8.3 体育建筑功能的灵活性与适应性

在体育场馆全寿命周期内，其使用需求会随着国民经济和体育产业发展而不断变化，为了在全寿命周期内提高场馆的利用率，多功能利用的策略是许多场馆实际运营的必然选择，这使得体育设施使用需求上具有动态、不确定性的特点。与其他类型的建筑相比，体育场馆的大跨度结构和大空间体量使其自身的技术要求和建设成本高，并且建成之后的拆除和改造难度大。

因此体育建筑建设应从决策阶段考虑场馆的多功能利用，在设计阶段做出充分的灵活适应性设计，从而在全寿命周期内提高场馆的使用率，实现场馆的可持续性。所谓“灵活性”，强调应对动态需求的方法，所谓“适应性”，强调体育场馆具有与环境、外部需求等条件相适合的能力。

面对体育建筑功能需求的不确定性，在前期策划和设计阶段做好弹性应变准备，为场馆功能、空间、设备系统和外部环境等要素进行合理定位，预留采用最小成本进行优化、重组、转换和更新的可能性，使得场馆具备付出少量成本满足多功能利用的条件。而明确坚持“功能理性”也是避免公共投资变相流失的重要环节（表 8–1）。

三种类型体育场馆功能空间组合策略　　表 8–1

场馆类型		体育活动			非体育活动			
		体育比赛和训练	体育训练	全民健身	文艺演出	会议集会	会展	商业经营
体育场	主体空间	√	√	√	√	√	√	
	辅助用房		√	√			√	√
体育馆	主体空间	√	√	√	√	√	√	
	辅助用房		√	√			√	√
游泳馆	主体空间	√	√	√				
	辅助用房		√	√				√

8.4　体育建筑技术应用的集约与适宜

我国体育产业发展尚处于起步阶段，场馆运营条件尚未成熟，因而体育建筑的建设应集约节约，采用适宜性技术。“集约化”强调提高资源利用效率，“适宜性”强调采用合适的技术手段。集约适宜的技术应用关注决策和建设阶段的精明策划和设计，关注大跨度选型、设备与系统设置、容积与体积控制、自然采光和自然通风的可持续设计策略。结合地域条件，综合被动式和主动式技术，采取科学实用的结构技术和体育工艺，既要避免盲目迷信昂贵的高技术和设备，又要避免技术配备不足而影响场馆的正常使用和可持续运营。

一方面，需要在决策环节立足于场馆建设作为城市公共服务设施的基本需求，尽量集约节俭地建设，进行科学合理的规模和建设标准定位，既要避免过度追求高标准和标志性，也不能为压低初始建设成本而造成功能的不足和运营成本的提高。另一方面在技术手段上应结合我国国情，优先采用适宜性技术，进行结构、设备、体型、采光和通风的设计，改善建筑室内环境，降低能源消耗，提高体育建筑的可持续性（图 8–2）。

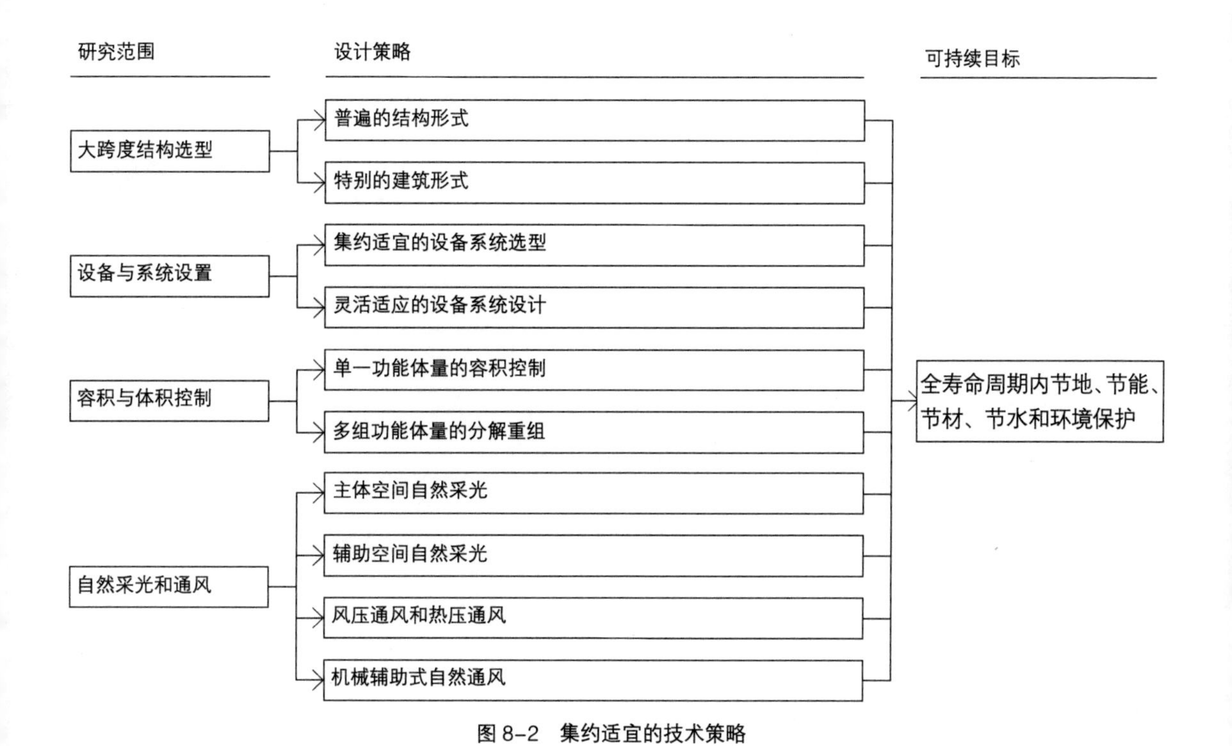

图 8-2　集约适宜的技术策略

图表资料来源

图片来源

第 1 章：

1-1~1-4，作者自绘

第 2 章：

2-1，作者自绘

2-2，华南理工大学建筑设计研究院

2-3，1896 年奥运会官方报告 https：//digital.la84.org/digital/collection/p17103coll8/id/6308/rec/2

2-4（a），http：//2016.sina.com.cn/history/2015-12-02/doc-ifxmaznc 5868976.shtml

2-4（b），1908 年奥运会官方报告 https：//digital.la84.org/digital/collection/p17103coll8/id/8233/rec/6.

2-5，1936 年奥运官方报告 http：//olympic-museum.de/o-reports/olympic-games-official-report-1936.php

2-6（a）（c）（f），1964 年奥运官方报告 https：//digital.la84.org/digital/collection/p17103coll8/id/27912/rec/29

2-6（b）（d）（g），http：//www.oldtokyo.com/1964-summer-olympic-venues/

2-6（e），作者提供

2-7（a），https：//digital.la84.org/digital/collection/p17103coll8/id/25059/rec/40

2-7（b），http：//weclouder.com/en/favourites-places/item/12-munich-olympic-park.html

2-8，https：//www.sasaki.com/zh/projects/cleveland-gateway/

2-9（a），http：//www.talknj.com/catcher/174/20160816/382.html

2-9（b），https：//zh.wikipedia.org

2-10（a），https：//k.sina.com.cn/article_1737737970_6793c6f202000m3zn.html?from=sports&subch=osport

2-10（b），董大酉 . 上海市体育场设计概况 [J]. 中国建筑，1934，2（8）：7-9

2-11（a），http：//inews.gtimg.com/newsapp_bt/0/5076489711/1000/0

2-11（b），http：//inews.gtimg.com/newsapp_bt/0/5076489710/1000/02-12（a），孙一民 . 精明营建：可持续的体育建筑 [M]. 北京：中国建筑工业出版社，2018

2-12（a），孙一民 . 精明营建：可持续的体育建筑 [M]. 北京：中国建筑工业出版社，2018

2-12（b），根据 郭明卓，蔡德道 . 广州天河体育中心 [J]. 建筑学报，1987（12）：3-15. 重绘

2-12（c），http：//www.gzkcsjw.com/caseInfo_3_42.html#p=0

第 3 章：

3-1，徐尚志 . 重庆市体育馆设计简介 [J]. 建筑学报，1958（06）：27.

3-2（a），梅洪元，孙湛辉．走向96亚冬会——第三届亚洲冬季运动会工程概况[J]. 建筑学报，1995（09）：47-49.

3-2（b），梅季魁．现代体育馆建筑设计[M]. 哈尔滨：黑龙江科学技术出版社，1999

3-3（a），https：//sports.qq.com/a/20150619/010390.htm

3-3（b），北京市建筑设计研究院 http：//www.biad.com.cn/projectpost.php? id=471

3-3（c），CCDI（悉地国际）http：//www.ccdi.com.cn/project/detail?p_id= 543f494e479619c6433cf431

3-3（d），CCDI（悉地国际）http：//www.ccdi.com.cn/project/detail?p_id= 543f494e4a961925288b4c13

3-4（a），清华大学建筑设计研究院 http：//www.thad.com.cn/front/page/roll_info?id=160496#

3-4（b），同济大学建筑设计研究院 http：//www.tjad.cn/project/39

3-4（c），华南理工大学建筑设计研究院

3-4（d），华南理工大学建筑设计研究院

3-5，根据北京市建筑设计研究院.JGJ31-2003体育建筑设计规范[S]. 北京：中国建筑工业出版社，2003.108J933-1_体育场地与设施改绘

3-6，上海市体育局主编．上海体育建筑[M]. 上海：同济大学出版社，2000：46-52

3-7，http：//www.gznf.net/images/2018/04/1525592355-1.jpeg

3-8，http：//tyj.changchun.gov.cn/zthd/jlsdsbjsyh/dsbjydhsycg/201811/W020181115335868854319.png

3-9，作者提供

3-10，潘家平．力的创造与表现—唐山市摔跤柔道馆设计[J]. 建筑学报，1993（01）：50-52.

3-11，华南理工大学建筑设计研究院

3-12（a），gmp 建筑事务所官网

3-12（b），https：//0x9.me/gpsUZ

3-13（a），https：//zh.m.wikipedia.org/wiki/%E5%9B%BD%E5%AE%B6%E4%BD%93%E8%82%B2%E5%9C%BA_（%E5%8C%97%E4%BA%AC）#/media/File%3ABeijing_national_stadium.jpg

3-13（b），CCDI（悉地国际）

http：//www.ccdi.com.cn/project/detail?p_id=543f494e4a961925288b4c13

3-14（a），作者提供

3-14（b），http：//www.cqyznews.com/yzq_content/2019-12/09/content_589870.htm

3-15（a），http：//www.hdqmjs.com/2016/1208/682.html

3-15（b），http：//www.tjad.cn/project/109

3-16（a），http：//myn0471.blogchina.com/639598124.html

3-16（b），https：//you.ctrip.com/travels/yinchuan239/3374266.html

3-17、3-18，作者提供

3-19，作者提供

3-20，侯叶．中国近现代以来体育建筑发展研究[D]. 广州：华南理工大学，2019

3-21，作者提供

3-22（a），华南理工大学建筑设计研究院

3-22（b），丁洁民，何志军．北京大学体育馆钢屋盖预应力桁架壳体结构分析的几个关键问题[J]. 建筑结构学报，2006（04）44-50.

3-23（a），http：//www.springcocoon.com/category.aspx?NodeID =8& siteid=27546

3-23（b），https：//www.gmp.de/cn/projekte/506/sosc

3-23（c），华南理工大学建筑设计研究院

3-23（d），广州市设计院 https：//www.gzdi.com/project/info_25 aspx? itemid=392&lcid=20

3-24，作者提供

3-25，华南理工大学建筑设计研究院

3-26（a）（b），作者提供

3-26（c），https：//www.sohu.com/a/246852639_349574

3-26（d），中国建筑工业出版社．建筑设计资料集 第6分册 体育·医疗·福利（第三版）[M]. 北京：中国建筑工业出版社，2017

3-27（a），https：//www.zcool.com.cn/work/ZNDAxMjk2Njg=.html

3-27（b），作者自摄

3-28（a），http：//123.57.212.98/html/tm/29/38/69/content/961.html

3-28（b），侯叶．中国体育建筑集约化和复合化的功能发展倾向浅析 [J]. 华中建筑，2018，36（11）：46-51

3-29，华南理工大学建筑设计研究院

3-30，广州市设计院

https：//www.gzdi.com/project/info_25.aspx?itemid=392&lcid=20

3-31，http：//www.mapaplan.com/seating-plan/the-o2-arena-london/the-o2-arena-london-seating-plan.htm

3-32（a），https：//id.pinterest.com/?show_error=true

3-32（b），https：//www.wheeliebindirect.co.uk/Testimonials

3-32（c），https：//sponsorship.org/25th-million-ticket-sold-in-a-year-of-firsts-at-the-o2-arena/

3-32（d），http：//www.mapaplan.com/seating-plan/the-o2-arena-london/the-o2-arena-london-seating-plan.htm

3-33，作者自绘

第4章：

4-1、4-2，作者自绘

4-3~4-9，根据中国建筑标准设计研究院．08J933-1 体育场地与设施（一）[S]. 北京：中国计划出版社，2010. 改绘

4-10~4-14，作者自绘

4-15、4-16，根据梅季魁．现代体育馆建筑设计 [M]. 哈尔滨：黑龙江科学技术出版社，1999 改绘

4-17，作者自绘

4-18，梅季魁．现代体育馆建筑设计 [M]. 哈尔滨：黑龙江科学技术出版社，1999

4-19，根据梅季魁．现代体育馆建筑设计 [M]. 哈尔滨：黑龙江科学技术出版社，1999 改绘

4-20、4-21，作者自绘

4-22，根据梅季魁，郭恩章，张耀曾．多功能体育馆观众厅平面空间布局 [J]. 建筑学报，1981（04）：15-23+51-83. 改绘

4-23，孙一民．精明营建：可持续的体育建筑 [M]. 北京：中国建筑工业出版社，2018

4-24~4-33，作者自绘

第5章：

作者自绘

第 6 章：

6-1~6-6，作者自绘

6-7~6-10，根据 The Tokyo Organizing Committee of the Olympic and Paralympic Games. Tokyo 2020 Accessibility Guidelines[S]. Tokyo：The Tokyo Organizing Committee of the Olympic and Paralympic Games，2017. 改绘

6-11，佟欣 . 体育场馆无障碍通用化设计研究 [D]. 哈尔滨：哈尔滨工业大学，2013

6-12~6-17，作者自绘

第 7 章：

7-1~7-3，作者自绘

7-4（a），http：//velux.com.cn/product/index91.html

7-4（b），http：//zt.bjwmb.gov.cn/zhhhs/ssbj/aygh/t20101229_365792.htm

7-5，孙一民 . 精明营建：可持续的体育建筑 [M]. 北京：中国建筑工业出版社，2018

7-6，中国建筑工业出版社 . 建筑设计资料集 第 6 分册 体育·医疗·福利（第三版）[M]. 北京：中国建筑工业出版社，2017

7-7，作者自绘

第 8 章：

8-1、8-2，孙一民 . 精明营建：可持续的体育建筑 [M]. 北京：中国建筑工业出版社，2018

表格来源

1-1~1-4，根据中国建筑工业出版社 . 建筑设计资料集 第 6 分册 体育·医疗·福利（第三版）[M]. 北京：中国建筑工业出版社，2017. 改绘

2-1，中国建筑工业出版社 . 建筑设计资料集 第 6 分册 体育·医疗·福利（第三版）[M]. 北京：中国建筑工业出版社，2017

2-2，根据骆乐 . 城市空间视角下的体育中心设计研究 [D]. 广州：华南理工大学，2014. 改绘

2-3，中国建筑工业出版社 . 建筑设计资料集 第 6 分册 体育·医疗·福利（第三版）[M].2017，6. 北京：中国建筑工业出版社，2017

3-1，侯叶 . 中国近现代以来体育建筑发展研究 [D]. 广州：华南理工大学，2019

3-2、3-3，作者自绘

4-1~4-4，作者自绘

4-5，孙一民 . 精明营建：可持续的体育建筑 [M]. 北京：中国建筑工业出版社，2018

6-1，作者自绘

6-2，中国建筑工业出版社 . 建筑设计资料集 第 6 分册 体育·医疗·福利（第三版）[M]. 北京：中国建筑工业出版社，2017

6-3，作者自绘

6-4，佟欣 . 体育场馆无障碍通用化设计研究 [D]. 哈尔滨 ：哈尔滨工业大学，2013

7-1，作者自绘

7-2、7-3，中国建筑工业出版社 . 建筑设计资料集 第 6 分册 体育·医疗·福利（第三版）[M]. 北京：中国建筑工业出版社，2017

7-4、7-5，作者自绘

7-6、7-7，孙一民 . 精明营建 ：可持续的体育建筑 [M]. 北京 ：中国建筑工业出版社，2018

7-8，侯叶，孙一民 . 我国体育建筑屋顶采光通风策略演变研究 [J]. 西部人居环境学刊，2019，34（02）：20-28.

7-9，中国建筑工业出版社 . 建筑设计资料集 第 6 分册 体育·医疗·福利（第三版）[M]. 北京：中国建筑工业出版社，2017

8-1，作者自绘

参考文献

[1] 中国建筑工业出版社 . 建筑设计资料集 第 6 分册 体育・医疗・福利（第三版）[M]. 北京：中国建筑工业出版社，2017.

[2] 骆乐 . 城市空间视角下的体育中心设计研究 [D]. 广州：华南理工大学，2014.

[3] 林昆 . 公共体育建筑策划研究 [D]. 广州：华南理工大学，2011.

[4] 孙一民 . 体育场馆的"营"与"建"[J]. 建筑学报，2019（05）：39-42.

[5] 孙一民 . 精明营建：可持续的体育建筑 [M]. 北京：中国建筑工业出版社，2018.

[6] 任磊 . 百年奥运建筑 [D]. 上海：同济大学，2006.

[7] 侯叶 . 中国近现代以来体育建筑发展研究 [D]. 广州：华南理工大学，2019.

[8] 孙一民，梅季魁 . 高校多功能文体建筑研究 [J]. 哈尔滨建筑工程学院学报，1991（04）：63-68.

[9] 梅季魁 . 现代体育馆建筑设计 [M]. 哈尔滨：黑龙江科学技术出版社，1999.

[10] 梅季魁，郭恩章，张耀曾 . 多功能体育馆观众厅平面空间布局 [J]. 建筑学报，1981（04）：15-23+51-83.

[11]（英）杰兰特•约翰，罗德•希尔德，本•维克多 . 体育场馆设计指南（原著第五版）[M]. 袁粤，孙一民，译 . 北京：中国建筑工业出版社，2017.

[12] 北京市建筑设计研究院 . JGJ 31—2003 体育建筑设计规范 [S]. 北京：中国建筑工业出版社，2003.

[13] 中国建筑标准设计研究院 . 08J 933-1 体育场地与设施（一）[S]. 北京：中国计划出版社，2010.

[14] 梅季魁 . 大跨建筑结构构思与结构选型 [M] 北京：中国建筑工业出版社，2002.

[15] 佟欣 . 体育场馆无障碍通用化设计研究 [D]. 哈尔滨：哈尔滨工业大学，2013.

[16] 吉慧 . 公共安全视角下的体育场馆设计研究 [D]. 广州：华南理工大学，2013.

[17] 中国建筑标准设计研究院 . 无障碍设计图集 12J 926[S]. 北京：中国计划出版社，2013.

[18] 北京市建筑设计研究院 . 无障碍设计规范 GB 50763—2012 [S]. 北京：中国建筑工业出版社，2012.

[19]The Tokyo Organizing Committee of the Olympic and Paralympic Games. Tokyo 2020 Accessibility Guidelines[S]. Tokyo：The Tokyo Organizing Committee of the Olympic and Paralympic Games，2017.

[20] 中国建筑科学研究院 . 建筑采光设计标准 GB 50033—2013[S]. 北京：中国建筑工业出版社，2013.